Mirko Tomasini

HUNDEN RICHTIG ZUHÖREN

Inhalt

Kommen Sie mit auf die Reise?

Sie möchten Ihrem Hund zuhören können und so eine echte, tiefe Verbundenheit mit ihm verspüren? Wunderbar – mit diesem Buch begeben Sie sich auf eine spannende Reise, auf der ich Sie gerne begleiten möchte. Es ist jedoch, oder gerade deshalb, kein klassischer Ratgeber. Sie finden darin keine konkreten Trainingsanleitungen, mit denen Sie Ihren Hund erziehen können. Ich leite Sie weder darin an, einen Rückruf zu trainieren, wenn Ihr Vierbeiner im Freilauf nicht gehorcht, noch vermittele ich Ihnen Techniken zur Leinenführigkeit oder zum Abstellen einer Aggression gegen Artgenossen oder Menschen. Es enthält kein Anti-Jagd-Training, keine Auslastungsspiele und auch keine Tipps und Tricks, um die Bindung zu verbessern.

Stattdessen ermögliche ich Ihnen etwas viel Tiefgreifenderes: Das Verhältnis zwischen Ihnen und Ihrem Hund kann sich so grundlegend ändern, dass sich das eine oder andere Problem, das Sie mit ihm haben, möglicherweise regelrecht in Luft auflöst. Ich zeige Ihnen, wo und wie Sie die wahre „Anleitung" für ein solch tiefes Verständnis Ihres Hundes finden. Wer könnte als Informationsquelle besser geeignet sein, als die Tiere selbst? Wenn es darum geht, zu verstehen, wie Hunde sich verhalten, wie sie kommunizieren und was sie den Menschen damit sagen wollen, dann ist es doch nur logisch, sie selbst zu fragen, oder?

Es gibt allerdings eine Sprachbarriere, die folgende Fragen aufwirft:

> Wie können Sie Ihren Hund fragen?
> Wie antwortet er auf Ihre Fragen?
> Wie übersetzen Sie seine Antworten richtig?

Wie einfach wäre es, wenn das Fragen und Antworten nicht im übertragenen Sinne gemeint wäre. Und doch ist es möglich: In den folgenden Kapiteln lernen Sie, die Botschaften Ihres Hundes wahrzunehmen. Sie werden erstaunt sein, wie viel sie über sich erzählen und wie oft sie ihren Menschen eine Anleitung geben möchten, wie ein Zusammenleben von Hund und Mensch aussehen kann und muss.

Sie werden sich dabei eventuell aber auch ertappt fühlen, wie wenig Sie Ihrem Vierbeiner bislang zugehört und wie falsch Sie das, was Ihnen aufgefallen ist, übersetzt und interpretiert haben.

Hunden richtig zuhören heißt in erster Linie, ihre Körpersprache und Mimik richtig zu deuten. Wobei das nur eine Form der Kommunikation unserer Vierbeiner ist (und da es zu diesem Thema viele gute Bücher und Videos gibt, gehe ich hier nicht ins Detail). Wenn wir uns nur darauf konzentrieren würden, gingen uns viele weitere und wertvolle Informationen verloren.

Eine zusätzliche, wichtige Quelle von Informationen sind die Verhaltensweisen und -muster der Hunde, die in der Regel nicht als Botschaft an den Menschen wahrgenommen werden. Ich zeige Ihnen, wie und wo sie auftreten und wie Sie diese deuten müssen, um Ihrem Vierbeiner ein offenes Ohr zu bieten.

Doch damit ist es noch nicht getan. Es fehlt noch die wichtigste Kommunikationsform, die gleichzeitig auch die ungewöhnlichste ist.

Für Hunde ist es ganz selbstverständlich, über Emotionen und Stimmungen zu kommunizieren. Das liegt auch in der Natur der Menschen, doch der Zugang zu dieser „Sprache“ ist bei vielen oft versperrt. Fakt ist: Jeder Mensch teilt sich seinem Gegenüber ebenfalls über Gefühle und seine Stimmung mit. Das ist vielen nur nicht mehr bewusst und Stimmung verbreiten fällt vielen auch noch leichter, als die Stimmung des Gegenübers wahrzunehmen. Mit Hunden haben Menschen aber einen Zuhörer vor sich, der all das sofort wahrnimmt. Es ist in ihrer Welt normal, das müssen sie nicht lernen. Menschen schon, und deshalb bekommt dieser Teil der Kommunikation an verschiedenen Stellen im Buch auch immer wieder Raum.

Wichtiger als jedes kleine Signal einzeln wahrzunehmen und deuten zu können ist aber, die tieferen Zusammenhänge zu verstehen. Kommunikation geschieht ja nicht, um sich die Zeit mit Reden und Zuhören zu vertreiben.

Ich gebe Ihnen Antworten auf die Frage, *wie* Hunde kommunizieren. Noch viel wichtiger sind aber Antworten auf die Frage, *was* sie kommunizieren. Was teilen sie von sich mit und warum? Was steckt hinter ihren Botschaften und welche Erwartungen haben Hunde an uns Menschen, wenn sie Kontakt mit uns aufnehmen?

Ich starte im ersten Kapitel mit einem Thema, welches auf den ersten Blick nicht viel mit Kommunikation und *Hunden richtig zuhören* zu tun hat: den wahren Bedürfnissen der Hunde aus deren Perspektive. Nach dem Lesen werden Sie verstehen, warum es nicht damit getan ist, nur eine Technik zu erlernen, mit denen Sie Ihren Vierbeiner besser verstehen können.

Möchten Sie sich auf diese Reise begeben, müssen Sie sich der Welt der Hunde in einer völlig neuen Weise öffnen, und die natürlichen Bedürfnisse sind der Türöffner für diese Welt. Manches wird Sie vielleicht erstaunen, von anderen Aussagen werden Sie eventuell etwas verwirrt werden. Je weiter Sie im Buch kommen, desto klarer wird das Bild, das ich Ihnen zeichnen möchte.

Im zweiten Kapitel gebe ich Ihnen dann zunächst einen Überblick über die Sprache der Hunde. Den meisten Haltern sind einzelne Signale deren Ausdrucksverhaltens bekannt, wie die Ohrenstellung, die Körperhaltung oder die Bewegung der Rute. Diese „Worte“, deren sich Hunde bedienen, sind allerdings nur so etwas wie unvollständige Sätze. Sie ergeben erst im größeren Zusammenhang Sinn, wenn aus Worten ganze Aussagen und aus Aussagen vollständige Botschaften, Erzählungen, Bitten oder Wünsche werden.

Diese Mitteilungen müssen von uns Menschen zudem wahrgenommen, erkannt und richtig gedeutet werden. Und dabei unterlaufen uns jedoch permanent Übersetzungsfehler. Damit wird Hunden richtig zuhören zu mehr als nur einzelne Satzfragmente verstehen zu können. Es gilt, die Geschichte zu hören, die Ihr Hund Ihnen erzählt.

Doch selbst, wenn man als Mensch darin geschult ist, seinem Tier zuzuhö-

ren – die Inhalte des darauffolgenden Kapitels erklären, wie das „Zwiegespräch“ erst vollständig wird. Darin zeige ich Ihnen, dass neben dem Zuhören auch Ihr Bewusstsein für Ihre eigenen Mitteilungen an den Hund darüber bestimmt, ob ein gegenseitiges Verstehen und Verstanden werden gelingt. Denn: Viel mehr als das gesprochene Wort wirkt Ihre Körpersprache auf Ihren Hund. Das ist das Signal, welches er als erstes und unmittelbar wahrnimmt. Und die menschliche Körpersprache ist vielschichtiger und vielsagender, als uns oft bewusst ist.

Im vierten Kapitel übertrage ich die Zusammenhänge auf typische Alltagssituationen. Dabei spielen die täglichen Gassirunden eine große Rolle, da hier die Missverständnisse in der Kommunikation von Hund und Mensch am deutlichsten werden. Ich beschreibe dort, wie scheinbar profane Situationen aus Sicht der im Buch aufgezeigten Themen nun in einem völlig neuen Licht stehen.

Vieles, was Ihnen vermeintlich klar war oder dem Sie vielleicht nicht die entsprechende Bedeutung gegeben haben, erscheint am Ende völlig anders. Ihr Verständnis für die Welt der Hunde wird größer geworden sein.

Ich möchte Ihnen jedoch nichts vormachen: Sie benötigen viel Disziplin, Übung und Geduld, um diesen Weg zu gehen. Stellen Sie sich einfach die Frage, wie viel Ihnen Ihr Hund und die Beziehung zu ihm wert ist und entscheiden Sie sich dann, ob Sie den Weg gehen wollen.

Und wenn dann am Ende ganz neue Fragen auftauchen, dann habe ich mein Ziel erreicht: Ihre Neugierde zu wecken und Sie wach zu machen für so vieles, was wir Menschen in der Welt der Hunde entdecken und lernen können. In dieser Welt sind sie die Redner und wir müssen lernen, ihnen richtig zuzuhören.

Bevor es losgeht, ein paar Worte vorweg: Wenn ich im Buch von Ihrem Hund spreche, dann meine ich damit auch Ihre Hunde – für den Fall, dass Sie mit mehreren Vierbeinern zusammenleben.

Die von mir in den Texten verwendete direkte Anrede dient dem Kontakt zwischen Ihnen als Leser und mir als Autor. Wenn Sie sich von einzelnen Beispielen nicht persönlich angesprochen fühlen, dann verallgemeinern Sie die Aussage dahinter.

Bei dem Thema des Buches komme ich nicht umhin, Begriffe zu definieren, damit Sie und ich mit dem gleichen Grundverständnis starten und so die gleiche Sprache sprechen. Es ist mir jedoch wichtig zu betonen, dass ich kein verhaltenspsychologisches Grundlagenwerk oder Ähnliches verfasst habe – die Definitionen bilden meinen Blickwinkel ab. Das gilt auch für den einen oder anderen Begriff, den ich eher im umgangssprachlichen Verständnis eingesetzt habe.

Nun überlasse ich das Wort den Hunden – ich bin nur der Übersetzer.

Ihnen eine gute Reise!

DIE WAHREN BEDÜRFNISSE UNSERER HUNDE VERSTEHEN

Kennen Sie die Bedürfnisse Ihres Hundes?

Es besteht eine Diskrepanz zwischen dem, was Menschen über die Bedürfnisse ihrer Hunde denken und dem, was diesen wirklich wichtig ist. Was aber ist unseren Vierbeinern wichtiger als Schnüffeln und Toben?

Wenn ich Hundebesitzer frage, welche Bedürfnisse ihre Hunde haben, dann bekomme ich in der Regel folgende Antworten zu hören:

- Hunde wollen Spazierengehen.
- Sie wollen schnüffeln und „Zeitung lesen“.
- Sie möchten Kontakt mit Artgenossen haben, mit ihnen rennen, toben und spielen.
- Sie brauchen eine Beschäftigung gegen die Langeweile.
- Hunde wollen sich auch mal auspowern dürfen.
- Hunde brauchen geistige und körperliche Auslastung.
- Sie fordern Aufmerksamkeit und wollen gestreichelt werden.

Es scheint im Alltag oft so, als seien, neben den Grundbedürfnissen Schlafen, Trinken und Fressen, das die Bedürfnisse unserer Hunde. Aber sind es diese wirklich?

Tatsächlich ist es so, dass all diese genannten Punkte nur eine Bedeutung bekommen, wenn die wahren Bedürfnisse, die ich Ihnen gleich vorstelle, nicht beachtet und befriedigt werden. Die wahren Bedürfnisse zeigen sich nicht auf den ersten Blick, dafür müssen wir genauer hinschauen.

Es ist mir bewusst, dass diese Aussage Sie vielleicht ganz schön verwirrt. Das verstehe ich, aber ich muss zugeben, dass das genau meine Absicht ist: Ich möchte Sie verwirren, um Sie anzuregen, Ihr „altes“ Denken über Hunde mal unter die Lupe zu nehmen. Nicht, weil alles daran falsch ist, sondern lassen Sie uns einfach überprüfen, ob es Sie Ihrem Ziel – einer tiefen Verbundenheit mit Ihrem Tier – näherbringt oder nicht. Ich möchte Ihnen das Rüstzeug an die Hand geben, damit Sie dieses Ziel erreichen. Das „neue“ Denken braucht jedoch Platz, deshalb muss manches Alte weichen. Aus eigener Erfahrung weiß ich, dass ein solcher Prozess oft schmerzlich ist und die Erkenntnisse, die man auf dem Weg erhält, einen nicht sofort zu Begeisterungsstürmen hinreißen lässt.

Aber keine Sorge, wir stehen ja noch ganz am Anfang, und ich verspreche Ihnen, dass ich alles dafür tue, um Ihnen ein Verständnis für die Welt der Hunde zu vermitteln, das über Ihre bisherige Sichtweise für Hundeverhalten und seine Ursachen hinausgeht. Schritt für Schritt führe ich Sie in und durch die Welt der Hunde und schärfe Ihren Blick für das, was sie von uns Menschen wirklich brauchen – Achtsamkeit und Respekt vor ihrer wahren Natur.

Was ich dafür von Ihnen brauche ist Geduld, Neugier und die Bereitschaft, sich auf die Welt Ihres Vierbeiners einzulassen.

Doch zurück zu der Eingangsfrage: Welche wahren Bedürfnisse haben nun unsere Hunde? Und: Wenn Sie und ich von Bedürfnissen sprechen, meinen wir auch wirklich dasselbe? Bevor ich Ihnen die Antworten darauf geben kann, bedarf es noch ein bisschen „Grundlagenarbeit".

Annäherung durch Perspektivenwechsel

Es gibt viele gute Gründe, warum ich den Bedürfnissen unserer Hunde gleich das erste Kapitel widme. Einer der wichtigsten ist, dass Bedürfnisse und ihre Befriedigung die eigentlichen Antriebskräfte für jedes Verhalten sind. Und wenn wir das Verhalten eines anderen wirklich verstehen und angemessen darauf reagieren wollen, müssen wir wissen, welches Bedürfnis dahinter ihn antreibt. Dabei spielt es keine Rolle, ob wir über Hunde oder Menschen oder andere Lebewesen sprechen.

Dieser kleine Absatz könnte eigentlich genügen, um zu zeigen, wie wichtig es ist, die Bedürfnisse der anderen zu kennen und zu verstehen. Jedoch kommt bei uns Zweibeinern noch ein Punkt hinzu: Wir Menschen neigen leider dazu, das Verhalten anderer sehr schnell zu bewerten und zu beurteilen. Das tun wir bei unseren Mitmenschen genauso wie bei den Hunden.

Ich gebe Ihnen ein **Beispiel**: Sie fahren mit Ihrem Auto auf einer Straße, als plötzlich ein anderer Fahrer Sie und andere Verkehrsteilnehmer riskant überholt. In Sekundenbruchteilen fällen Sie

Die meisten Hunde lieben es, zu rennen und mit Artgenossen zu toben. Doch nicht alles, was wie ein Spiel aussieht, ist auch eines.

ein Urteil über ihn – er verhält sich respektlos, asozial, egoistisch und gehört im wahrsten Sinne des Wortes „aus dem Verkehr gezogen".

Was aber ist mit dem Grund seines Verhaltens? Was bezweckt der andere mit seiner riskanten Fahrweise? Ist es seine Absicht, Sie und die anderen zu gefährden? Ist er einfach grundlos aggressiv und nimmt deshalb keine Rücksicht auf seine Mitmenschen?

Wenn wir bei unserem Thema bleiben, sollten wir die Frage so stellen: Welches Bedürfnis steckt hinter seinem Verhalten?

Die Antwort darauf bekommen wir, wenn wir uns für seine Absicht interessieren. Nehmen wir mal an, wir könnten den Fahrer zu seinem Verhalten befragen, dann könnte eine mögliche Frage lauten: „Was genau beabsichtigen Sie mit Ihrer Fahrweise?"

Stellen Sie sich nun noch einen bestimmten Tonfall und eine typische Körpersprache und Mimik beim Fragenden vor. Sofort wird aus einer einfachen Frage, die eigentlich Interesse am Bedürfnis des anderen zeigen sollte, möglicherweise auch wieder nur ein schlecht versteckter Vorwurf. Dadurch zeigt sich dann, dass der Fragende im Grunde gar kein Interesse an dem Grund und am Bedürfnis hinter dem Verhalten des anderen hat. Sein Urteil über den Raser ist doch schon gefällt, warum also noch fragen?

Nehmen wir weiter an, der Fahrer stoppt und Sie haben tatsächlich die Gelegenheit, ihn zur Rede zu stellen. Als Sie sich seinem Wagen nähern, sehen Sie, dass auf dem Rücksitz eine Frau ein Kind im Arm hält, das aus einer Wunde am Kopf blutet. Plötzlich ist die Situation eine völlig andere. Sie können die Fahrweise nachvollziehen, weil Sie jetzt den Grund und die Absicht dahinter erkennen. Sie können sich nun in den anderen hineinversetzen und zugeben, dass Sie an seiner Stelle wahrscheinlich genauso gefahren wären.

Informationen über den Grund und die Absicht des Verhaltens eines anderen machen es also möglich, sich in den anderen hineinzufühlen. Nur so ist es überhaupt möglich zu verstehen, warum er sich so verhält und nicht anders. Sie können Verständnis für sein Verhalten aufbringen, denn das Bedürfnis hinter dem Verhalten wäre bei Ihnen in einer ähnlichen Situation das gleiche. Der einzige Unterschied ist häufig nur, dass Menschen sich in Situationen unterschiedlich verhalten können, um das gleiche Ziel zu erreichen.

Es ist nur ein Beispiel und in Bezug auf rücksichtslose, egoistische Fahrer keine Entschuldigung für deren Fahrweise. Mein Ziel ist, Ihnen eine Idee davon geben, was es ausmacht, nach der Absicht und dem Bedürfnis hinter dem Verhalten eines anderen zu fragen. Sie können ein Urteil darüber fällen. Sie können aber auch Interesse zeigen für dessen Welt, seine Sicht der Dinge, seine Bedürfnisse und seine Möglichkeiten, sie angemessen zu befriedigen – dafür braucht es den Perspektivenwechsel. Das heißt noch nicht, dass Sie sein Verhalten gutheißen.

Sie fragen sich jetzt vielleicht, was das mit Ihnen und Ihrem Vierbeiner zu tun hat. Im folgenden **Beispiel** übertragen wir die Erkenntnis in den ganz normalen Mensch-Hund-Alltag.

Zwei Hundehalter begegnen sich mit ihren Tieren auf einem schmalen Weg.

Während der eine Hund entspannt neben seinem Menschen läuft, beginnt der andere schon von Weitem, den entgegenkommenden Artgenossen zu fixieren. Kurz bevor beide Gruppen aufeinandertreffen, flippt dieser Hund aus, springt bellend und knurrend in die Leine und reißt seinen Menschen fast um.

Ich denke, Sie kennen solche Situationen, ob auf der einen oder der anderen Seite. Jetzt lösen Sie sich mal aus der Erinnerung an die letzte Begegnung, die so ablief, und lassen Sie uns das Szenario mit ein bisschen Abstand betrachten. Was hat dieses Beispiel mit dem Raser aus dem obigen zu tun?

Als Beobachter nehmen Sie das Verhalten des Hundes wahr und haben nun die Wahl – möchten Sie dessen Verhalten be- bzw. verurteilen oder interessieren Sie sich für den Grund und die Absicht seines Verhaltens mit den dahinterliegenden Bedürfnissen?

Entscheiden Sie sich für die erste Möglichkeit, können Sie sich über das aggressive Verhalten des Hundes wundern oder aufregen. Gleichzeitig können Sie die Kompetenz des Halters bewerten und ihn als unfähig abstempeln, überhaupt einen Hund halten zu können. Schwierig wird es, wenn Sie selbst dieser Hundehalter wären.

Wählen Sie aber Variante zwei, dann wäre die erste richtige Reaktion auf das Verhalten des Hundes die Frage nach der Absicht, die er damit verfolgt. Dafür müssten Sie aber das Urteil über sein Verhalten aufgeben, sonst können Sie nicht offen sein für die Informationen, die dann kommen.

Zu den daraus resultierenden Konsequenzen bzw. Schlussfolgerungen gehe ich in den folgenden Abschnitten und Kapiteln noch detailliert ein. An dieser Stelle nur so viel: Es ist nicht die Absicht des Hundes, sich dem Artgenossen gegenüber aggressiv zu verhalten, sondern das Mittel zum Zweck. Die Absicht hinter der Aggression ist eine ganz andere.

Hier wird es nun sehr individuell. Um sagen zu können, welche Absicht und welches Bedürfnis sich bei einem Hund in seinem Verhalten zeigt, müsste ich das Tier kennen, die Beziehung zu seinem Menschen im Ganzen sehen und auch das Verhalten und die Bedeutung des anderen Hundes in dieser einen Situation beobachten.

Im nächsten Hauptkapitel (ab Seite 63) beschreibe ich im Detail, wie Hunde sich mitteilen und was ihr Verhalten über ihre Bedürfnisse sagt. Vorher muss ich Ihnen aber noch ein paar Begriffe näherbringen, die im Zusammenhang mit Hundeverhalten oft nur oberflächlich und leider auch missverständlich verwendet werden.

Wenn ein Hund mit seiner Aufmerksamkeit bei seinem Menschen ist, wird ein Gespräch zwischen Zwei- und Vierbeiner erst möglich.

Worte als Wegweiser

Damit wir die gleiche „Sprache“ sprechen, erläutere ich Ihnen zunächst ein paar Begriffe. Die meisten werden Sie sicher schon kennen, deren eigentliche Bedeutung ist Ihnen vielleicht aber gar nicht bewusst.

Keine Sorge, das wird keine theoretische Abhandlung über verhaltensbiologische Fachbegriffe. Mein Anliegen ist es auch nicht, einen weiteren fachlichen Beitrag über das Verhalten unserer Hunde zu schreiben oder Ihnen einfach nur Trainingsansätze vorzugeben. Genauso wenig hilfreich finde ich es aber auch, in schillernden Worten von der Einzigartigkeit und vom Wesen unserer Vierbeiner zu berichten und wie man mit ein bisschen Gefühl eine wundervolle Verbindung zu seinem Tier herstellen kann. Weder das eine noch das andere ist alleine ausreichend für das, was im Zusammenleben von Hund und Mensch möglich ist.

Ich gebe Ihnen eine Art Reiseführer für die Welt der Hunde an die Hand. Hin und wieder verwende ich darin Begriffe aus der Verhaltensbiologie, die Sie vielleicht in anderen Zusammenhängen schon einmal gehört haben. Manche dieser Begriffe verwende ich jedoch nicht im naturwissenschaftlichen Sinne, sondern vielmehr, um Sie als Leser zum Nachdenken anzuregen und Sie emotional anzusprechen. Meine Interpretation soll dazu dienen, Ihnen Zusammenhänge bewusst zu machen, um Ihnen letztlich so zu zeigen, was Ihr Vierbeiner Ihnen sagen will. In diesem Verstehen liegt das Geheimnis für die emotionale Verbundenheit mit Hunden, auch wenn das zu Beginn dieses Buches erst einmal sehr nüchtern und unromantisch wirkt. Ich füttere sowohl Ihr Gehirn, damit Sie über etwas nachdenken können, als auch Ihr Herz, damit Sie sich in Ihren Hund hineinversetzen und nachempfinden können, wie es ihm geht. Ganz am Ende wäre es fantastisch, das Herz würde Ihren Verstand lenken und der wiederum würde dann Ihr Verhalten Ihrem Hund gegenüber steuern.

Schauen wir uns zunächst die Bedeutung der Begriffe **Bedürfnisse – Verhalten – Absichten** an und wie sie miteinander zusammenhängen.

Bedürfnisse

Mit Bedürfnissen meine ich nicht das, was so landläufig darunter verstanden wird: toben, schnüffeln, gestreichelt werden oder Gassi gehen. Auch Basisbedürfnisse wie Fressen, Schlafen, Trinken und Fortpflanzung sind in dem Zusammenhang nicht gemeint.

Wenn ich von Bedürfnissen spreche, dann meine ich damit grundlegende und für die Gesamtheit aller Hunde gültige Bedürfnisse. Sprich, diese hat jeder Vierbeiner, egal welcher Rasse er angehört, welche Vorgeschichte er hat, wie alt er ist, ob Rüde oder Hündin, kastriert oder

Zeit und Raum für Entspannung sind zwei der Grundpfeiler für einen zufriedenen Hund. Erst dann folgen Aktivität und Beschäftigung.

unkastriert. Diese nenne ich die **wahren Bedürfnisse**.

Diese wahren Bedürfnisse haben aber nicht für jeden einzelnen Hund die gleiche Bedeutung: Ein jeder Vierbeiner entscheidet für sich, welchen Stellenwert er den wahren Bedürfnissen für sich als Individuum gibt und unterscheidet sich von seinen Artgenossen aus den daraus resultierenden Folgen, die sich – positiv wie negativ – bezüglich seines des Verhaltens daraus ergeben.

BEDÜRFNISSE

Grundlegende und für die Gesamtheit aller Hunde gültige Bedürfnisse = **wahre Bedürfnisse** (sicherer Raum, verlässliche Partnerschaft sowie Entwicklung und Entfaltung der eigenen Persönlichkeit). Die Bedürfnisse umfassen im biologischen Sinne das Territorium und Revier, die Bindung und Beziehung zu „Rudel"- bzw. Gruppenmitgliedern sowie die eigene Rolle in dieser Gruppe.

Ein Beispiel: Das Schnüffeln an einem Laternenpfahl, an dem ein fremder Hund seine Markierung hinterlassen hat, ist kein echtes Bedürfnis. Es ist lediglich ein Verhalten, mit dem ein Hund ein wahres Bedürfnis zu befriedigen versucht. Hinter diesem Verhalten *könnte* das Bedürfnis nach Kontrolle über mögliche Konkurrenten im Revier oder Territorium stehen mit dem Ziel, die eigene Unversehrtheit oder die der eigenen Gruppe sicherzustellen. Durch das Schnüffeln und Markieren drückt sich also das wahre Bedürfnis „sicherer Raum" in einem Verhalten aus.

Wenn wir Hundeverhalten auf diese Weise deuten, um damit dem Bedürfnis auf die Spur kommen, dann erhalten wir doch ganz andere Informationen über unsere Hunde. Denn ob ein Bedürfnis befriedigt ist oder nicht, bestimmt ja maßgeblich darüber, wie ein Hund sich fühlt. Und seine Emotionen beeinflussen dann im nächsten Schritt wieder sein Verhalten und der Kreislauf beginnt von vorne.

Sie fragen sich nun sicher, welche denn die wahren Bedürfnisse sind und was diese bedeuten? Für die Erläuterung deren Bedeutung bitte ich Sie noch um etwas Geduld. Ich gehe an späterer Stelle noch ausführlich darauf ein. Für das weitere Verständnis der doch recht komplexen Zusammenhänge nenne ich hier die drei wahren Bedürfnisse unserer Hunde jedoch schon einmal:

- Ein **sicherer Raum**, der Ruhe und Unversehrtheit garantiert.
- Ein **verlässlicher Partner** und eine verlässliche Gemeinschaft, in der man lebt.
- In dieser Partnerschaft bzw. der Gruppe die Möglichkeit, die **eigene Persönlichkeit** zu entfalten und einzubringen.

Verhalten

Im Rahmen dieses Buches ist Verhalten für mich jede Handlung, für die sich ein Hund bezüglich eines seiner wahren Bedürfnisse entscheidet. Das klingt fürchterlich trocken, aber keine Angst, ich werde das später mit Leben füllen, indem ich ganz alltägliche Situationen auf Grundlage der Bedürfnisse beschreibe und erläutere.

Für den Moment und das weitere Verständnis der Zusammenhänge ist ein Satz von größter Bedeutung:

Das Verhalten eines Hundes ist nicht sein Bedürfnis. Es dient lediglich dazu, ein Bedürfnis zu befriedigen.

Diesen Unterschied mache ich nicht, um schlau daherzureden, sondern weil Hunde genauso unterscheiden. Wenn Sie eine emotionale Verbindung zu Ihrem Tier eingehen möchten, dann müssen auch Sie es tun.

VERHALTEN

Darunter ist jede Handlung zu verstehen, für die sich ein Hund bezüglich seiner wahren Bedürfnisse entscheidet.

Den Grund führe ich später noch im Detail aus, an dieser Stelle nur so viel: Wenn die wahren Bedürfnisse befriedigt sind, hat das Auswirkungen auf den emotionalen Zustand des Hundes. Er fühlt sich dann wohl und kann aus diesem Gefühl heraus ganz anders auf die Situation reagieren. Ist dieses Bedürfnis aber nicht befriedigt, dann befindet sich der Hund in einem emotionalen Zustand der Bedürftigkeit und reagiert in der gleichen Situation völlig anders.

Nehmen wir noch einmal das **Beispiel** mit dem Schnüffeln am Laternenpfahl. Wenn das Bedürfnis nach einem sicheren Raum schon befriedigt ist, ohne kontrollieren zu müssen, wer vorher an dieser Laterne markiert hat, dann erübrigt sich auch das zwanghafte Schnüffeln und in der Folge das eigene Darübermarkieren.

Ich sehe bei vielen Hunden, dass sie an jeder Markierung eines Artgenossen stehen bleiben wollen bzw. müssen. Wenn aber das Bedürfnis nach Kontrolle und Unversehrtheit dieses Verhalten bestimmt und nicht einfach nur bloße Neugier, dann weiß ich aber auch, wie es einem Hund emotional geht und wie sicher er sich bei seinem Menschen fühlt.

Bitte nicht falsch verstehen: Das heißt nicht, dass jeder Hund, der an der Markierung eines anderen schnüffelt, automatisch ein Problem hat. Das macht die Sache allerdings für die Menschen wieder komplizierter, denn jetzt ist genaues Hinschauen und Verstehen gefragt.

Lesen Sie einfach weiter, alles wird gut!

Absichten

Das Verhalten ist nicht das Bedürfnis, das Verhalten ist aber auch nicht die Absicht. Was ist dann die Absicht eines bestimmten Verhaltens?

Ganz vereinfacht gesagt ist die Absicht hinter einem Verhalten, einen Zustand der Balance im Innen und Außen herzustellen und zu erhalten. Es gibt einen Fachbegriff unter anderem aus der Biologie und der Psychologie, den man als Gesamtheit aller Absichten bezeichnen kann: Homöostase.

Damit ist ein Zustand des Gleichgewichts gemeint. Das gilt einmal für das Gleichgewicht im eigenen Körper, womit ich in diesem Zusammenhang vor allem das emotionale Gleichgewicht meine. Da Hunde, wie wir Menschen, aber nicht alleine für sich leben, streben sie ebenfalls ein Gleichgewicht im Zusammenleben mit anderen an. Man kann das

Die gemeinsame Zeit Seite an Seite mit ihrem Menschen verbringen – darin liegt das größte Glück der Hunde.

auch ein soziales Gleichgewicht nennen, in dem alle friedlich miteinander oder nebeneinander existieren können.

Die Emotionen geben vereinfacht gesprochen, eine Rückmeldung darüber, ob dieser Gleichgewichtszustand besteht oder man dafür etwas tun muss. Ersteres zeigt sich in Ruhe und Entspannung, Letzteres in Handlungsbereitschaft und Verhalten.

ABSICHTEN

Die Absicht beschreibt, worauf ein Hund seine Aufmerksamkeit richtet, wenn er sich für ein bestimmtes Verhalten entscheidet. Ist die Absicht erfüllt, wird das Verhalten, welches dazu geführt hat, als erfolgreiche Strategie „abgespeichert".

Je höher der Energieaufwand ist, den ein Hund für sein Verhalten aufbringt, desto weiter ist dieser Vierbeiner von einem Zustand des Gleichgewichts entfernt. Es ist tatsächlich so einfach. Und gleichzeitig erscheint die Umsetzung so schwer.

Vermuten Sie schon, welcher Schluss hieraus zu ziehen ist? Ihr Hund braucht Ihre Hilfe und die Sicherheit in seiner eigenen Gruppe, dass diese Balance existiert und möglich ist. Sobald Sie wissen, wie es Ihrem Vierbeiner geht, worum es ihm geht, was Sie für ihn und gemeinsam mit ihm tun können, um dieses innere Gleichgewicht herzustellen, ist die emotionale Verbundenheit zwischen Ihnen und dem Hund gleichzeitig die Bedingung, der Weg und das Ziel. Sie dürfen nicht warten, bis sich diese Verbundenheit von alleine einstellt. Sie müssen etwas dafür tun und diese Verbundenheit täglich herstellen.

Das Dilemma ist, dass viele Halter erst dann versuchen, ihren Hund zu erreichen, wenn dieser schon nicht mehr ansprechbar ist. Denn er hat in dem Fall bereits begonnen, sich selbst um sein Wohl zu kümmern, der Mensch kommt einfach zu spät dazu und spielt aus Sicht des Hundes keine Rolle mehr. Oder er verschlimmert den Zustand des Vierbeiners durch seine eigenen Reaktionen nur noch mehr.

Sollten Sie betroffen sein oder sich und Ihren Hund in der obigen Beschreibung in der einen oder anderen Form und Ausprägung wiedererkennen, dann habe ich dieses Buch für Sie beide geschrieben.

Wenn Sie der Meinung sind, dass bei Ihnen und Ihrem Hund alles doch nicht so schlimm ist, wie Sie dachten – dann auch. Wie heißt es so schön in einem Zitat, das Voltaire zugeschrieben wird: „Das Bessere ist der Feind des Guten."

Ich zeige Ihnen in den nächsten Kapiteln, was es dafür braucht, besser zu sein oder zu werden, und wie Sie das umsetzen können. Das ist auf der einen Seite echt banal und einfach, in letzter Konsequenz aber verdammt schwer.

Der Zusammenhang von Symptom, Ursache und Reiz

Sie kennen sicher den Ausspruch, es sei sinnvoller, die Ursache einer Störung zu beseitigen, anstatt sich nur um das Symptom zu kümmern. Vielleicht ist Ihnen dieser Satz auch im Hundetraining schon begegnet.

Wenn Sie diese Erkenntnis nutzbringend anwenden wollen, dann müssen Sie aber erst einmal verstehen, was mit der **Ursache** hinter einem **Symptom** (= Verhalten) gemeint ist. Weisheiten wie diese machen letztlich nur Sinn, wenn sie auch weise verwendet werden. Sonst bleiben es einfach nur Kalendersprüche, die zwar toll klingen, darüber hinaus aber keinen Wert besitzen.

Was meine ich also mit Ursachen, wenn ich diesen Begriff verwende? Am einfachsten wird das an einem ganz alltäglichen **Beispiel** deutlich.

Erinnern wir uns an die Situation der Begegnung zweier angeleinter Hunde auf einem schmalen Weg von Seite 14. Einer der beiden fixiert den anderen und bewegt sich in provozierender Art auf den anderen zu. Daraufhin reagiert der andere Hund aggressiv und springt knurrend vor in die Leine.

Für viele Halter ist ganz klar, dass der fixierende Hund die Ursache für die aggressive Reaktion (= **Symptom**) des zweiten ist. Er wurde schließlich von diesem provoziert und hat daraufhin dementsprechend reagiert. In Kundengesprächen erklären mir Halter, die ähnliches erleben, dann, dass ihr Vierbeiner eben keine Rüden, keine schwarzen, keine kleinen, keine ängstlichen, keine quirligen Hunde, keine Schäferhunde usw. mag.

Heißt das wirklich, dass der andere Hund die Ursache für das Symptom Aggression ist? Der eigene Hund reagiert ja freundlich, wenn er nicht provoziert wird. Oberflächlich betrachtet könnte man das meinen. Bei näherer Betrachtung ist das aber falsch.

Es muss nicht immer alles perfekt laufen. Wichtig ist, dass der Mensch die Not seines Hundes erkennt und richtig darauf reagieren kann.

SYMPTOM – URSACHE – REIZ

Reize lösen Reaktionen aus, die dann als Verhalten (= Symptom) sichtbar werden. Der Reiz ist aber nur der Auslöser für die Reaktion, die Ursache liegt häufig ganz woanders.

Für die Klärung dieser Frage muss ich noch ein bisschen weiter ausholen: Unbestritten ist der Umstand, dass dieser Hund sich vom Verhalten des anderen angesprochen fühlt. Er lässt sich provozieren und hat dadurch keine Chance mehr, den drohenden Konflikt im Vorfeld mit einem nicht-aggressiven Verhalten abzuschwächen. Eine drohende Eskalation birgt für Hunde immer die Gefahr, verletzt oder gar getötet zu werden. Deshalb würden sie aus ihren natürlichen Anlagen heraus erst einmal versuchen, einen aufkommenden Konflikt zu umgehen, um so die eigene körperliche Unversehrtheit sicherzustellen. Dazu wenden sie zum Beispiel frühzeitig in einer sich anbahnenden Begegnung den Kopf ab, schnüffeln am Boden oder senden andere Signale, die unter Hunden der Deeskalation und Beschwichtigung dienen. Das machen Hunde häufig, ohne dass ihre Halter das mitbekommen. Diese Signale zeigen sie übrigens auch in der Kommunikation mit Menschen, und auch da werden diese Botschaften entweder gar nicht erst erkannt oder völlig falsch gedeutet. Dazu später mehr.

Sie ahnen vielleicht schon die Lösung: Der Hund, von dem die Provokation ausgeht, ist meiner Meinung nach nicht die Ursache, sondern lediglich der **Reiz**, der das Symptom aggressives Verhalten auslöst. Die innere Bereitschaft des anderen Hundes, auf die Provokation einzusteigen, war aber schon vorher vorhanden. Die ist zwar irgendwann einmal im Zusammenhang mit Artgenossen entstanden und der Hund hat ein Verhalten erlernt, mit dem er einen aufkommenden Konflikt lösen konnte. Die Ursache ist in diesem Fall für mich jedoch, dass dieser Hund mit der Entscheidung alleine gelassen wurde, wie Konflikte gelöst werden. Zu einem Zeitpunkt, als er noch offen war für die Wahl eines anderen Verhaltens – beispielsweise Rückzug statt Angriff – war niemand da, der ihn darin unterstützt hat, die Entscheidung zu Gunsten des Rückzugs zu treffen.

Noch ein kleines **Beispiel** aus unserer menschlichen Welt: Ein Autofahrer rast mit 220 Sachen auf der Autobahn in einem Streckenabschnitt, wo 120 erlaubt ist. Andere Autofahrer, die die linke Spur zum Überholen von LKWs befahren, werden aggressiv mit der Lichthupe vom Fahrstreifen verdrängt. Nach der Ursache für sein Verhalten gefragt, antwortet er, sein Auto habe schließlich 480 PS, da lasse sich das Tempo nicht immer kontrollieren. Einmal kurz aufs Gaspedal getippt, schon fahre die Karre über 200. Das bekäme man gar nicht mit. Die Ursache für die Raserei ist also die Motorleistung. An welchem Punkt in seinem Leben hat diesem Wesen wohl die Hilfestellung gefehlt?

Leider trägt der Satz, den ich immer noch von vielen Haltern wie auch Trainerkollegen höre, bei vielen Hunden genau zu diesem erlernten Aggressionsverhalten bei: „Lass‘ sie, das machen die unter sich aus!“ Meine Antwort darauf ist: „Das mag sein. Ich lasse aber nicht zu, dass mein Hund das alleine entscheiden muss. Ich helfe ihm lieber, bevor er sich gezwungen sieht, die Sache aggressiv zu klären.“ Eine richtige Entscheidung zum richtigen Zeitpunkt und die Ursache für eine mögliche spätere Aggression als Reaktion auf eine Provokation wäre vom Tisch gewesen.

Die Sache mit der Verantwortung

Bin ich mit meiner eigenen Hundegruppe unterwegs und mir begegnen frei laufende Hunde, die außerhalb der Kontrolle ihrer Menschen zu jedem Artgenossen hinlaufen, hängt die Reaktion meiner Hunde nicht vom Verhalten der anderen ab, sondern von meinem Verhalten als menschlicher Gruppenführer. Es würde an der Reaktion meiner Vierbeiner nichts ändern, wenn ich die anderen dafür beschimpfe, dass sie ihre Hunde frei laufen lassen, obwohl (oder weil) sie nicht gehorchen. Das heißt: Gebe ich meinen Hunden ausreichend Sicherheit und Orientierung, dann können die anderen machen was sie wollen – wir fühlen uns nicht angesprochen. Und wenn ich den Eindruck habe, dass meine Hunde eigenmächtig entscheiden, wie mit dem Störenfried umzugehen sei, dann muss ich die Ursache dafür im Zusammenleben mit meinen Hunden finden, nicht im Verhalten des anderen Vierbeiners oder seines Menschen. Für die Reaktion meiner Tiere bin ich selbst verantwortlich, nicht die anderen. Der andere Hund ist der auslösende Reiz, die Ursache für unsere Reaktion und die Verantwortung dafür liegt aber bei uns bzw. bei mir.

Der Ehemann meiner Kollegin und Lehrerin Andrea Oppermann, Matthias Oppermann, hat es für mich mit diesem Satz auf den Punkt gebracht:

Der Reiz ist unschuldig.

Diese Aussage finde ich Tag für Tag in meiner Arbeit und auch in meinem Privatleben bestätigt.

Mir ist wichtig, zwischen der Ursache und dem auslösenden Reiz eines Verhaltens zu unterscheiden. Daran ist nämlich die Frage gekoppelt, wer eine mögliche Veränderung in der Hand hat. Wer übernimmt die Verantwortung dafür, dass Verhaltensweisen sich ändern können? Diese Bereitschaft, Verantwortung dafür zu übernehmen, die wahren Bedürfnisse der Hunde zu achten und sicherzustellen, führt uns später direkt zu der Fähigkeit, emotional mit unseren Vierbeinern verbunden zu sein.

Wenn ich aber den Reiz zur Ursache mache, gebe ich ihm so viel Bedeutung, dass sich an der Reaktion auf diesen Reiz nie etwas ändern wird. Dann bleibt der Fuß des Fahrers auf dem Gaspedal, dann flippen Hunde weiter an der Leine aus und dann gehen Hunde auch weiterhin jagen. Wer übernimmt Verantwortung und arbeitet an den Ursachen?

Verantwortung übernehmen bedeutet nicht, Schuld zu sein oder eine Schuld eingestehen zu müssen. Die Verantwortung für etwas übernehmen meint, tatkräftig an einer Lösung zu arbeiten. Verantwortung übernehmen heißt, sich Fähigkeiten anzueignen, die man vielleicht noch nicht hat. Es ist nicht schlimm, etwas nicht zu können – es ist aber eine Kapitulation vor sich selbst, sich damit abzufinden, dass man es nicht kann. Damit drückt man sich vor der Verantwortung. Wie attraktiv ist es für Hunde, sich an jemanden zu binden, der mehr mit sich und seinen Problemen beschäftigt ist, statt sich um das Wohl seiner Gruppe zu kümmern?

Die wahren Ursachen für das Verhalten unserer Hunde, für die Qualität unserer Beziehung und Bindung zu den Tieren hat immer auch direkt mit uns selbst zu tun.

Dem Reiz die Schuld zu geben und sich so vor der Suche nach der wahren Ursache bei sich selbst zu drücken ist das gleiche, wie die Verantwortung anderen zu überlassen. Für den Moment ist es vielleicht bequemer, im Ansehen seines Vierbeiners steigt man damit langfristig sicher nicht.

Die Hunde haben kein Interesse daran, einen Sündenbock zu finden. Sie suchen nach Ansprechpartnern, denen sie vertrauen können, weil sie Verantwortung übernehmen. Mein Ansinnen ist, die Hunde bei ihrer Suche zu unterstützen und ihren Menschen zu zeigen, wie man zum wichtigsten Partner im Leben seines Tieres wird. Dafür braucht es keine Trainingsmethoden, sondern eine innere Haltung, die von Respekt und Achtung gegenüber anderen, Mut, Entscheidungsfreude und Handlungsbereitschaft geprägt ist.

Triebe und genetische Anlagen

Es bleiben noch zwei Begriffe, die für das weitere Verständnis von Belang sind: Triebe bzw. Instinkte und genetische Anlagen. Ihre Bedeutung für ein tieferes Verstehen von Hundeverhalten sind meiner Meinung nach immens, da auch diese beiden Begriffe mit den wahren Bedürfnissen von Hunden verwechselt werden.

Ein wichtiger Punkt vorneweg: Ich verwende die Begriffe Trieb, Instinkt und genetische Anlagen mehr umgangssprachlich als korrekt naturwissen-

Nicht jeder Jagdhund muss jagen, nicht jeder Hütehund muss hüten. Die Rasse alleine sagt noch nichts über die wahren Bedürfnisse eines Vierbeiners aus.

schaftlich. Auch wenn nach biologischer Definition ein Unterschied zwischen Trieben und Instinkten besteht, sind die beiden Begriffe hier eher synonym zu verstehen.

TRIEBE BZW. INSTINKTE – GENETISCHE ANLAGEN

Triebe bzw. Instinkte beschreiben, vereinfacht gesagt, angeborene und für die Art typische Verhaltensreaktionen auf Reize.
Genetische Anlagen sind verantwortlich dafür, wie stark eine Instinktreaktion auf einen Reiz ausfällt und wie schnell bestimmte Verhaltensweisen erlernt und in der Folge als erfolgreiche Verhaltensstrategie wiederholt werden.

Die Abgrenzung von Trieb bzw. Instinkt und genetische Anlage von einem Bedürfnis möchte ich wieder mit einem **Beispiel** verdeutlichen: Stellen wir uns einen Vierbeiner vor, der einer bestimmten Jagdhundrasse angehört, er besitzt demnach einen ausgeprägten **Instinkt** zum Jagen. Das heißt: In seinen genetischen Anlagen ist der Instinkt, auf Reize wie Wildtiere, Witterung oder sich bewegende Objekte mit Jagdverhalten zu reagieren, stark hervorgehoben.

Damit ist aber nicht gesagt, dass das Jagen sein Bedürfnis ist. Wenn ich diesem Hund nun aber eine Aufgabe stelle, die mit Jagen und dem entsprechenden Erfolg verbunden ist, dann wird dieser Vierbeiner diese Aufgabe recht schnell lernen, denn die Verhaltensweisen und -sequenzen sind bei ihm genetisch stärker ausgeprägt als bei einem Hund eines anderen Typus. Spezifische Verhaltensweisen sind durch Zuchtauswahl in den Vordergrund getreten, andere dafür in den Hintergrund geraten.

Im Falle der Hütehunde finden sich ähnliche Beispiele. Ich höre dann häufig von Haltern, dass sie Border Collies toll finden, sich aber niemals einen solchen Hund holen würden, da sie die Zeit für die Beschäftigung dieser Tiere nicht hätten. Dazu kann ich nur sagen: Ein Border Collie braucht nicht mehr Zeit und schon gar nicht mehr Auslastung als ein anderer Hund. Es ist eher genau anders herum – diese Hunde brauchen einen Menschen, dem jederzeit bewusst ist, was er mit zu viel Auslastung anrichten würde. Nicht, *obwohl* diese Hunde so unermüdlich arbeiten, sondern *weil* sie es tun würden. Wird dies nicht bedacht, kann es eine Lebensaufgabe sein, sie wieder ruhig zu bekommen. Der Weg, der dann ansteht, ist eine Tortur für Hund und Mensch.

Natürlich kommt der Rasse eine Bedeutung zu, wenn es um Erziehung oder typische Verhaltensweisen geht. In Bezug auf die wahren Bedürfnisse, die für alle Hunde gelten, sind die Schlussfolgerungen, die man aus der Rassenzugehörigkeit ziehen sollte, jedoch anders als man vielleicht gemeinhin vermutet.

Was heißt das nun in Bezug auf das Verständnis für die wahren Bedürfnisse, wenn wir Trieb bzw. Instinkt und genetische Anlagen mit einbeziehen? Ganz vereinfacht gesagt bedeutet das folgendes:

Je mehr genetische Anlage durch die Rasse und Instinkt durch die Herkunft des Hundes einem ins Auge springt, desto achtsamer muss man mit dessen daraus resultierender Motivation umgehen. Je leichter ein Hund mit einem Verhalten, das auf seinen angeborenen Instinkten und Trieben basiert, zum Erfolg kommt, desto größer ist die Gefahr, dass sich dieses Verhalten verselbstständigt. Man spricht dann auch von selbstbelohnendem Verhalten.

Das heißt: Wenn Sie glauben, es sei das Bedürfnis Ihres Jagdhundes, zu jagen, und Sie lassen ihm dann entsprechend Freiraum auf dem Feld oder im Garten, dann entscheidet der Hund den Zeitpunkt, wann die Jagd beginnt, ganz schnell eigenständig.

Wenn Sie meinen, Ihr Hütehund hätte ein angeborenes Bedürfnis zum Hüten und müsse die Möglichkeit haben, diesem genetisch stark ausgeprägten Instinkt nachzugehen, dann haben Sie es schnell nicht mehr in der Hand, darüber zu bestimmen, wann er es wieder sein lässt.

Natürlich ist es ratsam, sich vor der Wahl für einen Hund eines bestimmten Typus Gedanken darüber zu machen, was dieser lernen soll, und wie er bei seinen zukünftigen Menschen leben wird. Das hat aber nichts mit seinen wahren Bedürfnissen, sondern mit seinen Möglichkeiten zu tun, den Erwartungen seines Menschen gerecht zu werden.

Außerdem verhält es sich mit den wahren Bedürfnissen so, dass gerade die triebhaften, arbeitsfreudigen Hunde, die unermüdlich erscheinen, das größte Bedürfnis nach Ruhe, Orientierung und – so paradox das klingt – Langsamkeit haben. Diese Hunde sind so leicht ansprechbar, dass sie eher lernen müssen, auf Reize und Störungen *nicht* zu reagieren.

Nun leben ja aber nicht nur reinrassige Hunde in menschlicher Obhut. Vielmehr sind ein großer Teil der Vierbeiner Mischlinge, deren Ursprungsrassen oft nicht mehr eindeutig bestimmt werden können. Hier stehen viele Hundehalter dann vor der Frage, was denn für diesen Hund hinsichtlich angeborener Triebe und Instinkte rassetypisch ist und welche Bedürfnisse er aufgrund seiner genetischen Herkunft hat.

Wenn ich im Training dazu gefragt werde, habe ich mir folgende Herangehensweise angewöhnt: Statt vorschnell aufgrund des Äußeren auf eine Rasse und damit auf die für sie typischen Bedürfnisse zu schließen, beobachte ich den Hund in seiner Gesamtheit.

Ich schaue mir zunächst an, wie er sich in verschiedenen Alltagssituationen verhält:

- Wie geht der Hund auf Menschen zu?
- Wie begegnet er anderen Hunden?
- Welches Spielverhalten zeigt er?
- Mit welchem Energieniveau bewegt er sich in diesen Situationen?

All diese Fragen basieren auf meinem Blick für die wahren Bedürfnisse. Ich zäume also das Pferd quasi von hinten auf und beobachte, welche Bedürfnisse sich im Hundeverhalten in welcher Form zeigen und schließe daraus dann auf mögliche Ursprungsrassen. Denn jede Rasse bzw. jeder Hundetyp gewichtet diese Bedürfnisse anders.

Ich beschreibe das im Kapitel, in dem es um die Art und Weise geht, wie Hunde ihre Bedürfnisse mitteilen (ab Seite 99), noch ausführlicher.

Das Verhältnis von Bedürfnissen und Beziehung

Eine der Stärken unserer Hunde ist, das Wohl der Gruppe an erste Stelle zu setzen. Sie dienen ganz selbstverständlich der Gemeinschaft, weil ihnen harmonische Beziehungen zu anderen am wichtigsten sind.

Wenn Sie sich mit anderen Menschen umgeben, in welcher Gesellschaft fühlen Sie sich am wohlsten? Bei Menschen, die sich nur für sich selbst und ihr eigenes Wohlergehen interessieren und permanent die Bedürfnisse anderer missachten oder bei denen, die sich für Ihre Gefühle und Bedürfnisse interessieren und Rücksicht darauf nehmen, wie es Ihnen geht?

Da die Antwort wohl bei jedem gleich ausfällt, folgt daraus der Schluss, dass es dann aber auch notwendig ist, herauszufinden, was der andere braucht. Und wer ist dafür die bessere Quelle als mein Gegenüber selbst? Ich muss ihn eigentlich nur fragen und bei der Antwort gut zuhören. Wenn ich dann weiß, was er für sein Wohlbefinden braucht, kann ich ja immer noch entscheiden, ob ich bereit oder in der Lage dazu bin, mich auf seine Bedürfnisse einzustellen und mein eigenes Verhalten danach auszurichten.

Umgekehrt gilt das natürlich genauso. Nur wenn diese Haltung bei beiden Partnern besteht, gibt es eine Aussicht auf Verständigung und eine echte Verbindung. Ich behaupte, dass Hunde diese Haltung immer haben. Menschen nicht. Die müssen – insbesondere in Bezug auf das Zusammenleben mit Hunden und anderen Tieren – erst lernen, dass es im Miteinander von Tier und Mensch vor allem um die tierischen Belange gehen muss. Da die Hunde sich sowieso schon weit in die menschliche Welt hineingetraut haben, ist es nun an der Zeit, dass wir uns in ihre Welt vorwagen.

Hunde, die dem Menschen zugewandt sind, machen es ihren Zweibeinern oft ein bisschen leichter. Bindung entsteht trotzdem nicht von alleine.

Dafür müssen wir zwei Dinge gewährleisten:

- Wir müssen uns von einem Teil unserer Sichtweisen verabschieden.
- Wir müssen bereit sein, uns mehr als bisher auf die Welt der Hunde einzulassen.

Genau das funktioniert nur über eine neue Sicht auf die wahren Bedürfnisse der Hunde. Das Paradoxe an der ganzen Situation ist, dass deren Bedürfnisse unseren tatsächlich bis aufs Haar gleichen. Es wäre also im Grunde eine Kleinigkeit für uns Zweibeiner, uns darauf einzulassen. Was uns davon abhält ist der Umstand, dass wir eine Form des Miteinanders entwickelt haben, bei dem unsere Hunde – könnten sie es – nur verständnislos den Kopf schütteln würden. Die Art und Weise, wie Menschen oftmals miteinander umgehen und zusammenleben ist ihnen völlig fremd; Eigenschaften wie Egoismus, Narzissmus, Empathielosigkeit usw. kommen in der Welt der Hunde schlichtweg nicht vor.

Das ist meiner Ansicht nach der Grund, warum viele Menschen sich unter den Tieren besser fühlen als unter Menschen. Sie finden dort genau das, was sie in menschlicher Gesellschaft vermissen oder verurteilen. Was sollen Hunde aber von uns Menschen denken, wenn wir nicht einmal unter unseres Gleichen respektvoll zusammenleben können? Meine Vision ist, dass sich unser Bewusstseln ändert, wenn wir bewusster mit Tieren allgemein und mit Hunden im Besonderen umgehen. Und dieses neue Bewusstsein können wir nutzen, um unseren Umgang mit unseren Mitmenschen zu überdenken und zu verändern.

Die Basis für emotionale Verbundenheit

Sich mit jemandem verbunden fühlen heißt auch, sich zu seiner Welt hingezogen zu fühlen. Zum einen, weil es dort etwas gibt, was meiner eigenen Welt ähnelt, deshalb passen die zwei Welten gut zusammen. Zum anderen aber vielleicht auch, weil der andere etwas hat, was ich in meiner Welt vermisse.

Daraus entstehen jedoch zwei völlig unterschiedliche Beziehungsformen, die beide von einer emotionalen Verbundenheit leben.

Verbundenheit durch Ähnlichkeit

In diesem Fall verbinden sich zwei Partner miteinander, die sich aufgrund ihrer Ähnlichkeiten anziehen und so in der Verbundenheit zu etwas Größerem werden. Hier passt dann der Spruch: „Das Ganze ist mehr als nur die Summe seiner Teile."

Verbundenheit durch Mangelausgleich

In der anderen Beziehung entsteht Verbundenheit dadurch, dass der eine ein emotionales Defizit bei sich durch die Beziehung zum anderen ausgleicht. Dadurch entsteht aber kein größeres Ganzen. Mathematisch betrachtet müssen sich zwei Partner dann etwas teilen, was eigentlich nicht für beide reichen kann. Es gibt bildlich gesprochen ein Hin und Her von Emotion und Bedürfnisbefriedigung, welches immer ausgeglichen sein muss, sonst geht einer leer aus.

Genau diesen Zustand erlebe ich in mal mehr, mal weniger stark ausgeprägter Form in vielen Mensch-Hund-Beziehungen. Ich sehe dann, wie Verhaltensweisen von Hunden entstehen, die zu nichts anderem da sind, als auf diesen Zustand hinzuweisen. Hunde führen uns mit ihrem Dasein zu uns selbst zurück. Das ist die etwas philosophische Schlussfolgerung aus dieser Erkenntnis.

Wenn du Disziplin und Respekt von deinem Hund erwartest, bist du dann ihm gegenüber mit deiner eigenen Disziplin und deinem Respekt ein gutes Vorbild?

Die gute Nachricht ist: Dieser Zustand lässt sich ändern. Eine schlechte Nachricht gibt es nicht, denn der Prozess der Veränderung dient allen Beteiligten. Gut, der Mensch hat dabei sicher die Rolle, von der wesentlich mehr erwartet werden darf. Denken Sie mal kurz über die obige Frage nach, und entscheiden Sie dann, ob Sie weitergehen möchten.

Emotionale Verbundenheit durch bedürfnisorientierte Kommunikation

Wie schaffen wir es denn, eine Verbundenheit mit unseren Hunden herzustellen, in der die Bedürfnisse beider Partner geachtet werden? Es soll ja ein Mitein-

Wo liegt der Fokus Ihres Hundes: auf Außenreizen oder bei Ihnen? Die Ausgewogenheit bestimmt, wie verbunden der Mensch und sein Tier wirklich sind.

ander entstehen, in dem beide sich auch in der Welt des Partners wohlfühlen und etwas von dieser Verbindung haben. Und das soll mehr sein als Spaziergänge mit Beschäftigung, ein weicher Liegeplatz und Futter für den Hund auf der einen Seite und mehr als einen felligen Partner an der Seite, den man streicheln kann, der einen zwingt, sich in der Natur zu bewegen und der einem bedingungslose Zuneigung versichert (was ja gar nicht der Realität entspricht) für den Menschen auf der anderen Seite.

Der Schlüssel zu dieser emotionalen Verbundenheit, in der beide gemeinsam zu etwas Größerem werden, ist eine Kommunikation, die sich an den wahren Bedürfnissen des Gegenübers orientiert.

EMOTIONALE VERBUNDENHEIT

Der Schlüssel zur emotionalen Verbundenheit, in der beide Partner gemeinsam zu etwas Größerem werden (= Verbundenheit durch Ähnlichkeit), ist eine Kommunikation, die sich an den Bedürfnissen des Gegenübers orientiert.

Sehen Sie, dass das Bild langsam ein wenig klarer wird? Zumindest verschwindet der Nebel und Sie können die Wegweiser besser erkennen, oder?

Es gibt keinen Widerspruch zwischen emotionaler Verbundenheit und rationaler Reflektionsbereitschaft des eigenen Handelns und Denkens. Was Menschen davon abhält, sich mit dieser Thematik zu beschäftigen, ist der Umstand, dass sich im Zuge der Selbstreflexion nicht selten mal unangenehme Gefühle in einem breitmachen.

Das ist nach meiner Erfahrung nicht unbedingt das, was die meisten Menschen sich vom Zusammenleben mit ihren Hunden wünschen. Am liebsten hätten sie es immer positiv und schön. Emotional meint aber nicht, dass es immer wohltuend emotional ist. Unangenehme und berührende Momente sind normal auf dem Weg.

Der Umgang mit den eigenen Gefühlen führt uns zu einem Thema, das wir uns im nächsten Abschnitt noch etwas genauer anschauen müssen, bevor wir endlich in die Welt der wahren Bedürfnisse unserer Hunde eintauchen können.

Wie wahr ist die Wahrheit?

Gefühle entstehen nicht aus dem Nichts. Ganz vereinfacht gesagt sind viele Gefühle erst einmal nichts anderes als eine Folge unseres Denkens. **Gefühle** lassen sich also beeinflussen, wenn wir unser Denken unter Kontrolle bringen. Dafür schauen wir uns an, was sich hinter unserem Denken verbirgt – in unserem Fall über uns und unsere Hunde.

Was Sie über das Verhalten Ihres Vierbeiners denken, sagt mehr über Sie selbst aus als über Ihren Hund.

Wenn Sie Ihren Hund betrachten und ihn bei einem bestimmten Verhalten beobachten, dann passieren in Ihrem Kopf Dinge, die Ihnen vermutlich nicht bewusst sind. Sie beobachten Ihren Hund ja nicht nur. Sie interpretieren in Bruchteilen von Sekunden, was Sie sehen und reagieren dann oft genauso schnell in dem Sinne, wie Sie das Verhalten interpretiert haben.

Das Problem an der Sache ist: Sie reagieren nun nicht mehr auf das Verhalten Ihres Hundes, sondern auf die **Interpretation bzw. Deutung**, die Sie vorgenommen haben. Wie Ihre Interpretation ausfällt ist wiederum abhängig davon, was Sie über das Verhalten des Hundes von anderen gelernt haben – von anderen Haltern, Trainern, Ihren Eltern, dem Fernsehen usw.

Das Ganze geht so schnell, dass es echt mühsam ist,

- diesen Mechanismus zu erkennen,
- sich mit diesen Abläufen zu beschäftigen und
- die Erkenntnisse daraus in die Praxis zu übertragen.

Um die Welt der Hunde auf einer tieferen Ebene zu verstehen und selbst Teil dieser Natürlichkeit unserer Hunde zu werden, setzt voraus, dass wir uns auch dem zuwenden, was wir zu wissen glauben, was aber in Wirklichkeit ganz anders ist.

Die Interpretation und ihre Folgen

Mark Twain hat einmal gesagt: „Was uns in Schwierigkeiten bringt, sind nicht die Dinge, die wir nicht wissen. Was uns in Schwierigkeiten bringt, sind all die Dinge, die wir ganz sicher wissen – die aber in Wirklichkeit ganz anders sind."

Damit bringen wir aber nicht nur uns in Schwierigkeiten, sondern vor allem unsere Hunde. Denn die werden ja mit der menschlichen Reaktion auf ihr Verhalten konfrontiert und müssen dann ihrerseits wieder darauf reagieren.

Hatty, der Vierbeiner meiner Frau – eine der liebevollsten, klarsten und aufmerksamsten Hündinnen, die ich in meinem Leben kennengelernt habe.

INTERPRETATION BZW. DEUTUNG

Wir nehmen die Welt und alles in ihr mit unseren Sinnen wahr – wir sehen, hören, riechen, schmecken und fühlen unsere Umwelt. In uns entsteht somit ein Bild dieser Welt, welches wir durch Interpretation und Bewertung „eingefärbt" haben. Dieses Bild der ursprünglichen Welt ist dann nicht mehr identisch mit der Außenwelt. In der Folge reagieren wir nur noch auf die von uns kreierte Welt, nicht auf die „reale" Welt.

Was ich damit ausdrücken möchte, wird vielleicht mit folgendem **Beispiel** deutlicher: Ein Halter geht mit seinem Vierbeiner an der Leine spazieren, und ihnen kommt ein anderes Mensch-Hund-Team auf dem Weg entgegen. Als sein Hund den kommenden Vierbeiner erblickt, zerrt er an der Leine nach links ins Gebüsch. Sein Mensch reißt ihn mithilfe der Leine zurück auf den Weg und fordert ihn auf, bei Fuß zu gehen. Als Folge davon fängt der Hund an, wild in die Leine zu beißen. Das wird vom Halter ebenfalls reglementiert, indem er seine Hand in dessen Maul steckt, um ihm die Leine aus dem Fang zu nehmen. Das gelingt ihm auch, doch nun rastet der Hund komplett aus und es scheint, als wolle er sich aggressiv auf den entgegenkommenden Vierbeiner stürzen.

Was passiert in dieser konstruierten Situation, wenn wir etwas genauer hinschauen?

- Der Hund versucht, seinen Halter an der Leine zum Gebüsch zu zerren. Der Mensch unterbindet dies aber konsequent, weil er das als Auflehnung gegen seine Führung interpretiert. In der Realität des Hundes wäre das aber gleichzeitig eine Botschaft an den Artgenossen und an seinen Menschen gewesen. Denn dem anderen Hund versucht er mit dem Ausweichen und Schnüffeln schon aus der Ferne mitzuteilen, dass er keinen Stress haben will. Seinem Menschen zeigt er damit, dass er wegen der Annäherung des anderen Hundes so langsam in Stress gerät und sich mit diesen Verhaltensweisen zu beruhigen versucht.
- Nun nimmt das Unglück in Form eines fürchterlichen Missverständnisses seinen Lauf, das nur auf einer einzigen falschen Interpretation des Hundeverhaltens beruht: Der Hund beißt jetzt in die Leine, was vom Menschen als nächste Stufe der Auflehnung oder Dominanz gedeutet wird und ihn veranlasst, das Verhalten nun noch vehementer zu korrigieren. Für den Hund ist die Leine lediglich ein Blitzableiter oder ein Ventil für den inneren Druck, der in ihm durch die gesamte Situation entsteht und der durch die aus seiner Sicht unsinnigen Reaktionen seines Menschen nur noch befeuert wird.

Das Rumbeißen auf der Leine ist für den Hund die einzig noch verbliebene Möglichkeit, die innere Spannung abzubauen. Im Grunde sagt er seinem Menschen damit:

- Ich brauche deine Unterstützung, um die Spannung loszuwerden. Mit dieser Spannung in mir kann ich nicht so einfach das tun, was du von mir erwartest. Ich bin für dich nicht mehr erreichbar.
- Wenn du mir ein Objekt oder Futter anbieten würdest, auf dem ich rumkauen darf, dann würde das meine innere Spannung lindern. So werde ich wieder ansprechbar und ich kann in dir zukünftig einen Helfer sehen, nicht einen Gegner.
- Da auch diese Botschaften nicht beim Menschen ankommen, bleibt dem Hund nur noch der „Kampf" gegen den anderen. Der ist aber nur zur falschen Zeit am falschen Ort und hat mit dem, was sich bei dem anderen Menschen und seinem Hund abspielt, gar nichts zu tun. Er ist nur der auslösende Reiz, die Ursache liegt ganz woanders.

Sie müssen sich erst vom Problem, wie Sie es verstehen, lösen, bevor Sie das Problem lösen können.

Alleine durch eine andere Deutung des Verhaltens entsteht doch ein völlig anderes Gesamtbild des Hundes und seines Verhaltens, oder nicht? Nur durch eine andere Interpretation dessen, was alle wahrnehmen können – einen Hund, der an der Leine zerrt, in die Leine beißt und sich auf den Artgenossen stürzen will – ist ein ganz anderer Zugang und in der Zukunft ein anderer Umgang mit solchen Situationen möglich.

Der Erfolg eines Trainings in dem oben geschilderten Fall hängt also nicht von der Trainingsmethode ab oder wie gut der Halter die Anleitung eines Trainers umsetzt, sondern vom Verständnis für den Hund. Und was ist das anderes als eine emotionale Verbundenheit? Wenn ich die tatsächliche Motivation und die Ursache für sein aggressives Verhalten verstehe und auch nachempfinden kann, wie er sich in diesem Moment fühlt, dann bin ich auf eine Weise mit meinem Hund verbunden, die uns wieder in Kontakt bringt. Vielleicht nicht sofort in dem Moment, aber langfristig auf jeden Fall.

Sie können ein Problem nur dann lösen, wenn Sie lernen, anders über das Problem zu denken.

Meine – deine Wahrheit?

Wenn ich sage „Ich nehme etwas wahr", dann heißt das im Klartext, dass ich das, was ich wahrnehme, für wahr nehme bzw. halte. Daraus wird meine ganz persönliche und einzigartige Wahrheit. Das heißt aber auch, dass jemand anderes – vielleicht ein anderer Mensch, vielleicht mein Hund – das gleiche Szenario ganz anders für wahr nimmt. Dann wird für ihn daraus seine Wahrheit. Das macht auch den **Unterschied zwischen wahrnehmen und interpretieren** deutlich, denn solange wir wahrnehmen, bleiben wir halbwegs neutral. Sobald wir jedoch interpretieren, geben wir dem Wahrgenommenen eine Bedeutung, woraus dann für uns selbst eine Wahrheit wird.

Wenn wir nun mit dem anderen über seine und unsere Wahrheit sprechen möchten, dann müssen wir an erster Stelle in Betracht ziehen, dass *seine* Wahrheit nicht *meine* Wahrheit sein muss. Langer Rede kurzer Sinn – ein Gespräch im Sinne einer bedürfnisorientierten Kommunikation setzt voraus, eine andere als die eigene Wahrheit zulassen zu können. Dabei spielt es keine Rolle, wer der Gesprächspartner ist. Das kann ein Arbeitskollege, der Chef, ein Politiker, das eigene Kind, der Partner oder der Hund sein. Oder der Trainer. Oder ein Buchautor. Oder ein Trainer, der ein Buch schreibt.

Meine Wahrheit ist die Wahrheit der Hunde, wie ich sie wahrnehme. Sie müssen sie nicht übernehmen, dürfen es aber. Hunde sind offen für die Welt, wie wir sie sehen. Sie sind dabei jedoch in hohem Maße davon abhängig, dass wir ihre Sicht der Dinge im Bewusstsein halten und darüber ein tieferes Verständnis für ihre Welt entwickeln.

In den beiden Kapiteln, die ich der hündischen und menschlichen Kommunikation widme, führe ich das weiter aus. Jetzt kommen wir erst einmal zu den wahren Bedürfnissen unserer Hunde.

Die wahren Bedürfnisse unserer Hunde

Die wahren Bedürfnisse unserer Hunde zu kennen bedeutet automatisch, ihre Welt zu verstehen. Denn aus ihnen entspringen die Erklärungen für viele Verhaltensweisen, die Hunde zeigen.

Die herkömmliche Denkweise über die Bedürfnisse unserer Hunde hat zur Folge, dass Hundehalter sich häufig mehr in die Rolle des Animateurs und Freizeitplaners ihrer Tiere begeben, statt Ansprech- und Sozialpartner für sie zu sein. Das äußert sich dann entweder in Form von übermäßiger Beschäftigung oder in einem schlechten Gewissen, wenn diese fehlt. Aus diesem Denken resultiert zudem eine bestimmte Art, mit unerwünschtem Verhalten umzugehen oder Hunde zu erziehen bzw. zu trainieren. Ich finde es wichtig und richtig, Zeit mit Hunden zu verbringen und diese für gemeinsame Aktivität und gemeinsamen Spaß zu nutzen. Das darf dann auch Training sein – in welcher Form auch immer. Was mir jedoch immer wieder auffällt, ist, dass gerade Verhaltensweisen unserer Hunde, die von Menschen als unangemessen oder „falsch" bezeichnet werden, aus Sicht der Vierbeiner vollkommen logisch sind – wenn man sich die Ursachen und die Absichten dahinter anschaut.
Statt also dieses Verhalten durch Training oder Therapie, jedweder Art und Philosophie, nach menschlicher Vorstellung zu beeinflussen, könnte man es ja auch als Informationsquelle verstehen, mit der ein Hund uns eine Antwort auf die Frage gibt: „Wie geht es dir und was brauchst du von mir?"

Meine Herausforderung beim Schreiben dieses Buches ist, Ihnen immer wieder vor Augen zu halten, wie Themen, die auf den ersten Blick nicht viel miteinander zu tun haben, sich bei genauerer Betrachtung gegenseitig beeinflussen. Die Verbundenheit zwischen Ihnen und Ihrem Hund ist auf den ersten Blick eine Sache des Herzens und des Gefühls. Bei genauerem Hinschauen kommen wir aber über die Gefühle zum Denken und damit zum Verstand. Beide „Pole" bedingen einander, um unser Ziel zu erreichen.

So ist es auch, wenn ich Ihnen die wahren und natürlichsten Bedürfnisse der Hunde näherbringe. Ich möchte einerseits Ihr Gefühl und Ihr Herz ansprechen, um Ihre Intuition und Ihre Empathie zu wecken und auszubilden. Dafür brauche ich aber auch Worte, Erklärungen und Geschichten, die das veranschaulichen, was ich selbst ja mehr fühle als denke, wenn ich mit Hunden und ihren Menschen arbeite.

Deshalb versuche ich auch in diesem Abschnitt beides. Einerseits beschäftige ich Sie mit einer anderen Form des Den-

Mein Rüde Sebastian liebt es, zu rennen – solange die Sicherheit und Ordnung unseres Raumes gewährleistet ist, und ich für ihn erreichbar bin.

kens über das, was Sie für die Bedürfnisse Ihres Hundes halten. Das ist ein wenig abstrakt und Sie müssen ein wenig Geduld haben, denn es braucht ein paar Umwege, um Ihnen diese Zusammenhänge zu erläutern. Zum anderen greife ich auch immer wieder auf Beispiele aus dem Alltag zurück, mit denen ich emotionale Reaktionen provozieren möchte. Die können sehr schön sein, das Gegenteil ist aber auch möglich. Unseren Hunden empathisch und mitfühlend zu begegnen bedeutet schließlich auch, uns ihre Sorgen und Nöte anzuhören. Am Ende führe ich Sie dann auf den Weg, der Sie und Ihren Hund zu der emotionalen Verbundenheit führt, die Sie sich beide wünschen.

Ich starte das Thema einmal etwas provokant mit diesen Aussagen:

- Statt Freiheit und Freilauf wünschen sich Hunde einen sicheren sowie begrenzten Raum, in dem sie sich entspannen können.
- Statt Leckerchen, Streicheleinheiten und Beschäftigung möchten sie einen Menschen, der sich seiner eigenen Bedeutung und Rolle in der Gruppe bewusst ist und bei dem sie Sicherheit und Orientierung erfahren.
- Statt individuelle Auslastung, Training und Dressur wünschen sich Hunde die Möglichkeit, innerhalb ihrer Lebensgemeinschaft eine eigene Persönlichkeit auszubilden, mit der sie das Zusammenleben in der Gruppe bereichern.

Je nachdem, wie Sie bislang über die Bedürfnisse Ihres Hundes gedacht haben, könnten Sie sich nun tatsächlich ein wenig provoziert fühlen. Was ich Ihnen aber gerade aufgezeigt habe, sind genau die *drei wahren Bedürfnisse*, die Hunde haben und die Sie als Mensch sicherstellen müssen. Ist eines dieser Bedürfnisse nicht befriedigt, wird Ihr Vierbeiner seinen Bedarf nach Befriedigung anmelden. Das tut er dann mit den ihm zur Verfügung stehenden Ausdrucksmitteln: Körpersprache, Mimik, Lautäußerungen, Verhaltensweisen und -sequenzen sowie mittels Stimmung und Emotionen.

Seine Signale und seine Verhaltensweisen führen uns also direkt zu einem dieser drei wahren Bedürfnisse. Im Positiven wie im Negativen. Wenn diese Bedürfnisse befriedigt sind, wirkt das Miteinander entspannt, ausgeglichen und harmonisch. Sind sie nicht befriedigt, dann zeigt sich das in leichter Erregbarkeit, Reizbarkeit, einem hohen Energieniveau und einer allgemeinen Unruhe und Unausgeglichenheit innerhalb wie außerhalb der eigenen Gruppe.

Sollte bei Ihnen gerade die Frage auftauchen, ob und wenn ja in welchem Maße andere Bedürfnisse oder eine rassetypische Beschäftigung eine Rolle für die Zufriedenheit eines Hundes spielen, ist diese absolut berechtigt. Ja, sie spielen eine Rolle, jedoch halte ich sie für das Thema des Buches nicht für so ausschlaggebend. Zudem ergeben sich hier wiederum weitere Fragestellungen und Zusammenhänge, die den Rahmen sprengen würden.

Was bedeuten denn nun diese drei wahren Bedürfnisse? Lassen Sie uns jedes für sich durchgehen und am Ende schauen, wie sie miteinander zusammenhängen.

Sicherer Raum

Ohne Erklärung ist das ein sehr abstrakter Begriff, mit dem alles und nichts ausgedrückt werden kann. Was genau ist mit „Raum“ gemeint, und wann ist dieser Raum aus Hundesicht „sicher“?

Verständlich wird das, wenn ich Ihnen zunächst den Idealfall von sicherem Raum anhand von Alltagssituationen aus dem Leben von Menschen und ihren Hunden schildere. Wichtig: Die nun folgende, von mir beschriebene Situation, ist eine Darstellung dessen, was *rein theoretisch* mit allen Vierbeinern möglich wäre. Aber eben nur theoretisch. Bei dem einen oder anderen Hund-Mensch-Team ist dieser Idealfall zwar der Alltag, für die Mehrheit sicherlich nicht. Deshalb werde ich das Ganze später *alltagsnaher, alltagstauglicher und realistischer* ausführen.

Nicht nur der Hund muss auf seinen Menschen achten. Auch der Zweibeiner muss mit seinen Sinnen bei seinem Tier und dessen Bedürfnissen sein.

Der Idealfall

Zur Verdeutlichung wähle ich eine Situation auf einem Spaziergang: Ein Hund folgt seinem Menschen ohne Leine, obwohl der Halter nie einen Rückruf oder ein anderes Kommando trainiert hat. Ohne vorhergehende Belohnungen für richtiges Verhalten reagiert der Hund auf die Worte seines Menschen. Begegnungen mit Artgenossen oder anderen Außenreizen wecken zwar die Aufmerksamkeit des Tieres, es braucht aber keine Befehle, um ihn davon abzuhalten etwas zu tun, das in Verbindung mit Außenreizen steht.

Der Hund lebt mit seinem Menschen im wahrsten und positivsten Sinne des Wortes in seiner eigenen Welt. Er ist zwar offen für die Welt um ihn herum, braucht diese aber nicht unbedingt. Kontakte zu anderen stellt dieser Hund nur her, wenn er selbst das Bedürfnis danach hat, es wäre aber nicht notwendig (Begriff „notwendig“: etwas, um eine Not abzuwenden).

Ob ein Kontakt mit einem Artgenossen zustande kommt, entscheidet sich darüber, ob die beiden sich sympathisch sind. Merkt dieser Hund, dass der andere kein Interesse an einer Begegnung hat, stellt er seine eigene Motivation für ein Kennenlernen hinten an und läuft neutral am anderen Vierbeiner vorbei. Je deutlicher der andere seinen eigenen Stress zum Ausdruck bringt, desto mehr nimmt sich dieser Hund zurück.

Was braucht es dafür?

Diesen Idealzustand, der in der Tat für alle Mensch-Hund-Teams möglich ist, erreicht man nicht durch Training, sondern allein durch Beziehung. Im Grunde müssten Sie nur etwas bedienen, was in Form eines starken Bedürfnisses bei Ihrem Hund schon angelegt ist. Die Bereitschaft, sich einem Sozialpartner und einer Gruppe anzuschließen muss ich einem Hund nicht antrainieren. Die Bindungsbereitschaft ist bei den meisten in ausreichendem Maße vorhanden. Die Frage ist, ob Sie als Mensch Ihrem Vierbeiner diese Bindung ermöglichen. Was meine ich damit und was hat das mit „sicherem Raum“ zu tun?

Je mehr Raum und Freiheiten Sie Ihrem Hund zugestehen, desto schwerer wird es für ihn, sich an Sie zu binden. Das hängt damit zusammen, dass dieser Freiraum für ihn mehr Fluch als Segen ist. Mit diesem Freiraum übertragen Sie dem Hund nämlich auch die **Verantwortung** für diesen Raum mit allem, was darin geschieht – Begegnungen mit anderen Menschen und Artgenossen zum Beispiel und der damit aufkommenden Frage, wie man mit diesen umgehen soll.

SICHERER RAUM

Der „sichere Raum“ ist das wahre Bedürfnis mit der höchsten Priorität für Hunde. Der Raum wird dann als sicher empfunden, wenn von dem, was in diesem Raum geschieht, und von denjenigen, die Teil dieses Raumes sind, keine Gefahr oder Bedrohung ausgehen. Die Hauptaufgabe eines Menschen ist es, seinem Tier diesen sicheren Raum immer zu garantieren.

Das Problem für unsere Hunde liegt darin, dass wir ihre Verhaltensweisen in vielen Situationen falsch deuten. Wir halten das, was im Kontakt mit anderen Menschen oder Hunden entsteht, für eine nette Form der Begrüßung oder Freude über die Begegnung mit anderen. Oft ist es lediglich eine Strategie, die dazu dient, diese Begegnung körperlich und psychisch unbeschadet zu überstehen. Sie sehen, wofür der Abschnitt über Wahrnehmung und Interpretation gut war? Mehr zu den Formen, wie Hunde sich und ihre Bedürfnisse mitteilen dann im nächsten Kapitel ab Seite 63.

Das Bedürfnis, in einer klar strukturierten Gruppe zu leben, ist größer als der Drang, ständig neue potenzielle Partner kennenzulernen.

Damit ist der Begriff des „sicheren Raumes“ eigentlich schon ausreichend beschrieben. Jetzt melden sich aber die Stimmen in Ihrem Kopf, richtig?

- Darf mein Hund dann nicht mehr frei laufen?
- Darf er dann keinen Kontakt mehr zu Artgenossen haben?
- Ist es denn dann falsch, meinen Hund zu rufen, wenn ich möchte, dass er zu mir zurückkommt?
- Mein Hund läuft immer frei, denn er gehorcht wirklich aufs Wort. Muss ich das jetzt ändern?
- Mein Hund ist aber immer freundlich zu jedem. Was muss ich denn jetzt verändern?

Die Antworten könnten (in beliebiger Reihenfolge) lauten: Ja. Nein. Vielleicht. Nichts.

Ich sage es mal so: Das, was Hunde und ich unter einem sicheren Raum verstehen, ist für die meisten Menschen nicht greifbar. Es geht dabei nicht um einen Radius von 3, 5 oder 15 Metern im Freilauf. Es geht nicht darum, ihn mit einem Kommando stoppen zu können. Es geht nicht um das Ende der Leine, die Grenze des Gartens, einen bestimmten Liegeplatz oder wer als Erster durch die Türe geht. Bei dem Bedürfnis nach einem sicheren Raum geht es mehr um die Energie, die in diesem Raum wirkt.

Wenn der Hund motiviert ist und der Mensch weiß, wie er diese Motivation nutzen kann, dann ist Training wie ein Spiel – frei und ungezwungen.

Wie der Hund sicheren Raum wahrnimmt

Stellen Sie sich vor, Sie seien ein Magnet und üben eine geradezu magische Anziehungskraft auf Ihren Hund aus. Je näher Sie sich sind, desto stärker ist die Anziehung, je weiter Sie auseinandergehen, desto schwächer wird sie.

Jetzt übertrage ich das auf die Verbundenheit und den sicheren Raum aus Sicht Ihres Hundes: Er spürt, wann die Anziehung abnimmt und vermeidet es, sich außerhalb dieses Bereiches zu bewegen. *Er* spürt es selbst, wie weit er sich entfernen *will*, nicht *darf*. Er trifft die Entscheidung, die Bindung zu Ihnen und die damit verbundenen Konsequenzen für nichts in der Welt aufzugeben.

Wenn Sie nun mit einem Hund leben, bei dem es so scheint, als wolle er mit allem verbunden sein, nur nicht mit Ihnen, dann drehen Sie das Beispiel des Magneten einmal um. Wenn Sie nämlich zwei Magnete mit den gleichen Polen aufeinander zubewegen, dann stoßen sich die Magnete ab. Vielleicht ist das bei Ihnen und Ihrem Vierbeiner so: Je näher er Ihnen kommt, desto stärker stoßen Sie ihn ab – ungewollt und unbewusst natürlich, aber für Ihren Hund spürbar. Das ist *seine* Wahrheit, die auf seine Wahrnehmung zurückgeht.

Wüssten Sie jetzt, wie Sie ihn abstoßen, dann könnten Sie damit aufhören, „den Magneten umzudrehen" – sprich, das komplette Gegenteil von dem tun, was Sie bisher versucht haben, um Ihren Hund an sich zu binden – und schon wirken Sie mit Ihrer Anziehungskraft auf ihn. Das ist doch der Hammer, finden Sie nicht auch?

Während ich diese Zeilen schreiben, merke ich, wie mich das Thema berührt und meine Vierbeiner in den letzten paar Minuten immer näher an mich herangerückt sind. Das fühlt sich an wie Magie – und hat mit Trainingssystemen und Lerntheorien nichts zu tun.

Bei aller „Magie" und Energie, die einen sicheren Raum bestimmt, gibt es auch ganz handfeste und sichtbare Regeln, die darüber entscheiden, ob ein Raum aus Sicht des Hundes sicher ist. Die schauen wir uns jetzt auch an, sonst stehen Sie am Ende womöglich mit mehr Fragezeichen im Kopf da, als zu Beginn des Buches.

Mein – unser – der Raum der anderen

Dieser „Raum" zeigt sich im Alltag immer auf ganz ähnliche Weise. Ich beschreibe das anhand von drei typischen Situationen, die sicherlich jedem bekannt sind.

Besuch betritt die Wohnung

In diesem Beispiel können wir von einem tatsächlich vorhandenen und für alle sichtbaren Raum sprechen. Dieser Raum ist die Wohnung, das Haus oder auch der Garten. Wenn die Türen geschlossen sind und sich nur die Mitglieder der eigenen Gruppe im eigenen Raum befinden, dann herrscht (meistens) eine gewisse Grundordnung. Die wird aber in jenem Moment auf die Probe gestellt, in dem es klingelt und Besuch sich ankündigt.

Jetzt öffnet sich der Raum für weitere, potenzielle Sozialpartner. In den seltensten Fällen würde ich bei der Aufregung, die Hunde nun zeigen, von Freude sprechen. Es ist erst einmal nichts weiter als eine Aufregung, mit der ein Hund etwas über sich sowie seine Befindlichkeiten und Gefühle mitteilt. Wenn ein Halter diese Erregung und das damit verbundene Verhalten in einem solchen Moment als Freude interpretiert, dann ist das Verhalten des Hundes höchstens störend oder nervend.

Aus Sicht des Vierbeiners sieht das Ganze anders aus: Mit seiner Aufregung investiert er Energie in ein Verhalten, das ihm die Sicherung oder Wiederherstellung der vorher bestandenen Ordnung garantiert. Die Veränderung, die in dem „Raum" stattgefunden hat, zwingt den Hund dazu, die **Ordnung wieder neu zu gestalten**. Dafür geht er mit dem „Eindringling" in Kontakt und „verhandelt" quasi über die Ordnung, die nun zusammen mit dem Besucher aufgebaut werden muss. Erst dann kann wieder Ruhe einkehren.

Wie zeigt sich denn, dass der Raum für den Hund sicher ist und die Sicherheit auch durch Besucher nicht ins Wanken gerät? Ganz einfach: Die Aufregung hält sich in Grenzen, der Hund nimmt den Besucher wahr, nimmt vielleicht auch Teil an der Begrüßungssituation und geht vielleicht auch in Kontakt mit dem Gast. Er tut dies aber eher beiläufig und ruhig, er braucht auch nicht lange, um sich wieder zurückzuziehen oder sich zu seinem Menschen und dem Besuch zu legen.

Der Gast darf sich in der Folge auch in der Wohnung bewegen, ohne dass dies beim Hund irgendeine Form von Kontrollverhalten, Aufregung oder erhöhte Aufmerksamkeit auslöst.

Nehmen Sie bei Ihrem Hund das Gegenteil wahr – hohe Aufregung, Bellen beim Klingeln, Besuch wird stürmisch oder manchmal auch aggressiv bedrängt, er bleibt nicht liegen, sobald sich der Besuch bewegt usw. –, dann können Sie sicher sein, dass es aus seiner Sicht einiges zu tun gibt, was die „innere Ordnung" und den „sicheren Raum" zu Hause betrifft. Näheres dazu in den nächsten Kapiteln.

Aufbruch zum Spaziergang

Auch in diesem Beispiel begegnen wir wieder dem Thema Deutung und Interpretation von Hundeverhalten. Und auch an

Die Aufregung zu Beginn eines Spaziergangs kann Freude sein – muss aber nicht. Oft zeigen sich hier schon die ersten Konflikte.

dieser Stelle ist der Hundehalter mehr mit seiner Interpretation beschäftigt als mit den tatsächlichen Befindlichkeiten seines Vierbeiners.

Jetzt wird die Aufregung eines Hundes, die beispielsweise durch die Vorbereitungen zum Gassigehen wie Schuhe und Jacke anziehen, die Leine und Halsband vom Haken nehmen und andere Rituale, die sich vor jedem Spaziergang wiederholen, als Vorfreude auf den Spaziergang gedeutet. Damit ist dann die Entscheidung verbunden, was während des Spaziergangs passieren wird. Da der Hund sich so extrem freut, muss die Energie draußen natürlich auch bedient werden – ihm wird Freilauf, Beschäftigung, Spiel mit Artgenossen und vieles mehr angeboten.

Aus meiner Erfahrung heraus zeigen Hunde damit das genaue Gegenteil von dem, was der Mensch darin sieht. Oder sehen will. Das Bild vom „sicheren Raum" erleichtert das Verständnis für die Motivation und die Wahrnehmung des Hundes.

Mit dem Start eines Spaziergangs vermitteln Sie Ihrem Vierbeiner, dass sich der Raum gleich öffnet. Innerhalb der Wohnung oder des Hauses sichern noch die Wände und Türen den Raum, nun wird der Hund gleich mit der Weite eines Feldes, den Begegnungen mit Artgenossen und Menschen, Bewegungsreizen von Fahrzeugen oder Wildtieren und anderem konfrontiert. Diese Fülle an Reizen und Räumen zwingt den Hund dazu, immer wieder aufs Neue abzuwägen, wie es um die Sicherheit und den „eigenen Raum" bestellt ist.

Viele Menschen glauben, die Spaziergänge seien für unsere Hunde Freizeit und willkommene Abwechslung. Wechseln Sie jedoch die Perspektive hin zu der Ihres Vierbeiners, sehen Sie wie ich die Gassirunde plötzlich in einem anderen Licht. Das heißt natürlich nicht, dass gemeinsame Spaziergänge nicht wunderschön für Mensch und Hund sein können. Ganz im Gegenteil: Die Runden in der Natur bieten so viele Möglichkeiten, die Beziehung zu unseren Hunden zu gestalten und die Bindung zu ihnen zu festigen. Das ist für viele Vierbeiner aber erst möglich, wenn sie sich nicht mehr um den „Raum" um sich herum kümmern müssen. Sobald Sie einen eigenen **Raum mit ihrem Hund gestalten**, der sicher ist und in dem er das findet, was er für seine eigene Ausgeglichenheit braucht, kann Ihr Hund die Ausflüge genießen.

Bleiben Sie aber in der Sichtweise „stecken", Ihr Hund wünsche sich auf Spaziergängen maximale Freiheit, viel Bewegung und viele Kontakte „außerhalb" seiner eigenen Gruppe, dann vermitteln Sie ihm in seiner Welt, dass er sich um die Sicherheit seines Raumes selber kümmern muss.

Damit kommen wir dann zum nächsten Beispiel, welches dem hier beschriebenen folgt.

Begegnungen mit Hunden, Menschen und anderen Reizen

Wie reagiert Ihr Hund auf Artgenossen, die Ihnen entgegenkommen oder sich auch nur in der näheren Umgebung befinden? Wie groß ist sein Drang, dort hinzugehen und wie viel Energie müssen Sie investieren, um ihn davon abzuhalten?

Erinnern Sie sich an meine Ausführungen zu dem Thema „Ursache oder Reiz" (siehe ab Seite 20)? Die Ursache für ein bestimmtes Verhalten der Hunde ist eben nicht der Reiz. Dieser löst das Verhalten nur aus. Wenn wir diesen Zusammenhang auf die Reaktion Ihres Vierbeiners auf Artgenossen oder Menschen übertragen, kommen wir nun zu der Ursache Nummer 1 für Problemverhalten von Vierbeinern: Der Reiz, auf den ein Hund reagiert, wirkt aus dessen Sicht im eigenen Raum, und das macht es für ihn notwendig, darauf zu reagieren.

Ja, das ist ein wenig abstrakt. Nehmen Sie sich gerne einen Moment, das wirken zu lassen und ich versuche, dem ganzen noch ein wenig mehr Alltagstauglichkeit und Verständnis zu geben.

Wenn Ihr Hund erkennen könnte, dass er mit Ihnen als seinem Menschen in einem eigenen Raum lebt und der andere Vierbeiner mit seinem Menschen in deren Raum, dann könnte Ihr Hund sich weitestgehend neutral verhalten. Die Anwesenheit des anderen und sein Verhalten hat dann ja keine Bedeutung für Sie beide in ihrer eigenen Welt. Was der andere tut, findet in seiner Welt statt, und dazwischen liegt genug Distanz – tatsächlich in Metern oder gefühlt in gegenseitigem Respekt –, um nicht gleich auf die Anwesenheit des anderen reagieren zu müssen.

Ein weiteres Beispiel: Stellen Sie sich vor, Sie gehen durch eine Fußgängerzone. Sie sind dort natürlich nicht alleine, andere Menschen laufen neben ihnen, begegnen ihnen, schauen Sie an usw. Fühlen Sie sich dort ausreichend sicher? Es scheint so, denn Sie vertrauen ja unter anderem darauf, dass niemand von den Passanten auf die Idee kommt, Sie anzugreifen oder in anderer Form Ihren Raum zu betreten.

Es gibt eine Vorannahme, die Sie in der Stadt treffen: Die anderen haben das gleiche **Bedürfnis nach Individualraum, Unversehrtheit und Respekt** wie ich. Man teilt sich einen gemeinsamen Raum, darin gibt es aber immer noch für jeden einen eigenen, der geachtet wird. Alle einigen sich auf entsprechende Umgangsformen, die ein stressfreies Miteinander gewährleisten. Der Raum „Fußgängerzone“ gilt dann als sicher.

Hunde haben dieses Bedürfnis ebenfalls. Sie treffen untereinander auch die gleichen Vorabsprachen. Das Problem ist nur, dass eine Verletzung dieser eigentlich vorhandenen Regeln, die für Hunde völlig natürlich und normal wären, eher gefördert als verhindert wird. Aber wie?

Wie oft kommt es vor, dass Hunde von fremden Personen angesprochen, angeschaut und angefasst werden? Und wie oft erleben diese Hunde, dass ihr eigener Mensch das verhindert? Wäre es nicht dessen Pflicht, ihn davor zu schützen?

Das Gleiche gilt für Begegnungen mit Artgenossen. Wie normal ist es, Hunde zueinander zu lassen? Und das, obwohl die wenigsten Halter in der Lage sind, die Körpersprache von Hunden und ihr Ausdruckverhalten richtig zu deuten. Ich kann die Videos auf meiner Festplatte nicht mehr zählen, in denen Hunde scheinbar schön miteinander spielen, tatsächlich aber Stress abbauen, mobben, maßregeln und damit beschäftigt sind, Ordnung zu erhalten oder zu schaffen. Der Anteil von echtem Spiel ist verschwindend gering.

Respektvolle Nähe, gegenseitige Aufmerksamkeit und die ruhige Haltung des Menschen – so bleibt es auch mit mehreren Hunden entspannt.

Was der Hund für einen sicheren Raum braucht

Es ist wirklich nicht viel, was Sie tun müssen, um Ihrem Hund im Alltag diesen sicheren Raum zu schaffen. Genau genommen müssen Sie gar nichts zusätzlich tun. Sie müssen nichts trainieren, Sie brauchen keine Extrazeit, die Gassigänge werden nicht länger und Sie benötigen auch keine spezielle Ausrüstung.

Die Kunst liegt einfach darin, all das wegzulassen, was den sicheren Raum gefährdet oder was verhindert, dass er sich bilden kann. Es sind nur zwei Dinge, die Sie einschränken müssten, und schon kann dieser Raum fast von alleine entstehen:

1. Verzichten Sie auf den Gedanken, Ihr Hund müsse möglichst viel frei laufen. Schaffen Sie eine Form der Nähe zu ihm, die eine wahre Verbindung möglich macht.
2. Reduzieren Sie die Kontakte Ihres Hundes zu anderen Vierbeinern oder Menschen. Seien Sie der wichtigste Kontakt und lernen Sie, anständig und verständlich mit ihm zu kommunizieren.

Ich bin mir bewusst darüber, mit diesen zwei Aussagen bei dem einen oder anderen sprichwörtlich in ein Wespennest zu stechen. Stehen doch beide Punkte für viele Hundehalter für die Trainingsziele schlechthin: Freilauf auf der Basis eines sicheren Rückrufs sowie Verträglichkeit mit Hund und Mensch in jeder Lebenslage. Hunde und ihre Menschen, die weder das eine noch das andere beherrschen, gelten als unfähig oder gar böse. Vier- und Zweibeiner, denen Freilauf oder Kontakte nicht so viel bedeuten, gelten als „gestört“. Weder habe ich etwas gegen gehorchende frei laufende Hunde noch gegen diejenigen, die verträglich mit anderen Lebewesen sind. Was ich allerdings tragisch für viele Vierbeiner finde, ist, dass sie auf dem Weg zu diesen Zielen nicht wirklich danach gefragt werden, ob das auch ihre Wünsche und Ziele für ihr Leben sind.
Für ein weiteres Verständnis dieser brisanten Thematik muss ich später noch etwas weiter ausholen. Ich bitte deshalb noch einmal um etwas Geduld.
Jetzt haben wir auf der einen Seite das größte Bedürfnis der Hunde – den sicheren Raum – und auf der anderen Seite den Alltag, in dem dieses Bedürfnis viel zu oft missachtet wird. Nehmen Sie für den Augenblick dieses Bild mit und beobachten Sie, wie Ihnen der „sichere Raum“ und das Bedürfnis danach bei Ihrem Hund und Ihnen „über den Weg läuft“. Sie werden erstaunt sein, wie anders Sie die Welt ab jetzt wahrnehmen.

Damit haben Sie den wichtigsten Schritt schon gemacht. Aber auch den schwersten, denn einen sicheren Raum schaffen bedeutet auch, lange trainierte Gewohnheiten und Sichtweisen zu überprüfen, abzulegen und dafür neue, bessere Ansichten und Handlungen einzuführen.

Mit einer genaueren Wahrnehmung kann in Zukunft ein sicherer Raum entstehen. Dafür braucht es dann aber auch noch echte Handlungen und eine bewusstere Kommunikation mit Hunden. Das führt uns direkt zum zweiten, grundlegenden wahren Bedürfnis unserer Hunde: Dem Bedürfnis nach einem verlässlichen Sozialpartner, der gute und nachvollziehbare Entscheidungen trifft.

Verlässliche Partnerschaft

Was der Hund unter einem verlässlichen Partner versteht, und wie Sie sich selbst in dieser Rolle sehen, muss nicht immer deckungsgleich sein. Ihr Hund kann Ihnen aber dabei helfen, seine Sichtweise zu verstehen.

Ähnlich wie zu Beginn des Kapitels zum sicheren Raum müssen wir bei diesem erst einmal klären, was mit „*verlässlich*“ und was mit „*Partnerschaft*“ gemeint ist. Ich bin überzeugt, dass das, was Hunde darunter verstehen, viel verbindlicher und konsequenter ist als das Verständnis vieler Hundehalter.

Verlässlichkeit aus Hundesicht

Wenn es um Sprache geht, stehen wir Menschen immer vor dem Problem, dass wir Nachrichten mithilfe von Worten aussenden, die unter Umständen von unserem Gegenüber ganz anders verstanden werden. In dem Fall kommt auch die Nachricht mit einer völlig anderen Bedeutung bei diesem an. Viele Worte lassen zudem einen Interpretationsspielraum zu, sodass verschiedene Menschen ein und dasselbe Wort unterschiedlich verstehen. Mit dem Attribut *verlässlich* verbinden unter zehn Menschen wahrscheinlich neun etwas völlig anderes. Da es ja um die Bedürfnisse unserer Hunde geht, stelle ich Ihnen im Folgenden eine Auflistung von Eigenschaften vor, die sie mit diesem Wort verknüpfen würden.

WAS ZEICHNET VERLÄSSLICHKEIT AUS SICHT EINES HUNDES AUS?

Jemand ist verlässlich, wenn

- er die Bedürfnisse seines Partners erkennt und darauf eingeht.
- sein Verhalten und seine Reaktionen vorhersehbar sind.
- seine Botschaften klar und verständlich sind.
- er zur Stelle ist, wenn er gebraucht wird.
- er weiß, was seine Aufgabe ist und diese auch erfüllt.
- er andere in die Konsequenzen seines Handelns mit einbezieht.

Es geht also bei der Frage, wie jemand für andere verlässlich ist, immer um die Aspekte **Kommunikation und Verhalten**. Genau diese beiden Elemente machen das Miteinander von Mensch und Hund aus. Hunde messen die Verlässlichkeit und die Glaubwürdigkeit ihres Menschen daran, wie er oder sie kommuniziert und wie er sich verhält. Dabei gibt es nicht immer eine klare Grenze, denn jedes Verhalten beinhaltet ja auch eine Botschaft.

Übertragen auf die Beziehung bedeutet Verlässlichkeit für mich:

- Die Kommunikation zwischen Mensch und Vierbeiner läuft störungsfrei ab. Der Mensch „hört“ seinem Hund zu, versteht seine „Worte“ und ist in der Lage, so „zu antworten“, dass der Hund eine Chance hat, die Reaktion seinerseits wieder richtig zu verstehen.
- Der Mensch ist sich darüber bewusst, dass sämtliche Verhaltensweisen, die er zeigt (Bewegung, Geschwindigkeit, Blickkontakt, Körperhaltung, Gesten, Berührungen, Mimik, Worte usw.), eine Wirkung auf seinen Hund haben.
- Der Mensch denkt und handelt umsichtig. Er kann abschätzen, wie sein Hund auf eine Situation, die sich gerade ergibt, reagieren wird. Daraus resultiert, dass der Mensch eine Entscheidung trifft, die zum Wohle seines Hundes beiträgt. Er entscheidet vorausschauend und vermeidet auf diese Weise, dass sein Vierbeiner „ins offene Messer läuft“.

Der letzte Punkt braucht sicher eine Erklärung. Gerne mache ich es Ihnen wieder mit einem **Beispiel** deutlich:

Ein Hundehalter nutzt den eingezäunten Garten, um seinen Hund schnell zum Pipimachen rauszulassen. Am Grundstück führt ein Weg entlang, der von anderen genutzt wird, um spazieren zu gehen. Wenn ein Mensch mit oder ohne Hund am Grundstück vorbeiläuft, rennt der dort lebende Hund bellend an den Gartenzaun. Das ruft den Halter auf den Plan, der nun versucht, seinen bellenden Vierbeiner vom Zaun wegzurufen oder das Gebell zu stoppen. Mit eher geringem Erfolg.

Die Aufmerksamkeit eines Hundes kann man trainieren. Sie auch unter Ablenkung bei sich halten zu können, ist Ausdruck einer guten Beziehung.

Was hat das mit Verlässlichkeit und Vorausschau zu tun? Nun, ich kann aufgrund meiner langjährigen Erfahrung, ohne den Hund je kennengelernt zu haben, mit einer nahezu 100%igen Trefferquote vorhersagen, dass dieser Vierbeiner sicher schon mehr als einmal auf Passanten oder andere Hunde außerhalb des Grundstücks aufgeregt oder aggressiv reagiert hat. Wenn ich als Halter weiß, dass mein Tier dieses Verhalten bereits etabliert hat, wieso lasse ich ihn dann noch alleine und ohne Leine in den Garten? Ganz einfach: Der Garten ist eingezäunt und damit sicher. Für wen? Nun ja, für den Menschen natürlich, für den Hund aber eben nicht.

Was lernt der Hund so von seinem Menschen? Bewache den Garten! Und wenn er es tut? Dann soll er es sein lassen! Und wie verlässlich wirkt der Mensch aus Sicht seines Hundes? Antworten Sie selbst …

Beispiele, die alle die gleiche menschliche Grundhaltung Hunden gegenüber verdeutlichen, gibt es zuhauf:

- Ein Hund zieht an der Leine und erfährt dann eine Konsequenz, wenn er es tut. Wer zeigt ihm denn, was er tun kann, bevor die Leine gespannt ist?
- Ein Hund rennt zur Haustüre, wenn es klingelt und wird dann von seinem Menschen korrigiert, weil er Besucher anspringt. Wann zeigt ihm jemand, wie man Besucher empfängt, bevor er einen Fehler macht?
- Der Klassiker: Ein Hund rastet an der Leine bei Begegnung mit einem Artgenossen aus, und der Halter versucht dann, die Aufmerksamkeit seines Hundes zurückzubekommen. An welcher Stelle hat er sie denn verloren? Ganz sicher nicht erst in dem Moment, in dem sein Vierbeiner ausflippt. Oft schon Minuten, manchmal Stunden, Tage oder Monate vorher.

Partnerschaft aus Hundesicht

Neben dem Begriff *verlässlich* steht ja noch *Partner* bzw. *Partnerschaft*. Auch wieder so ein Wort, bei dem jeder denkt, alle anderen verstünden es so wie man selbst. Das ist eben nicht so, auch zum Begriff Partnerschaft gibt es wieder unzählige Definitionen und Assoziationen. Was bedeutet Partnerschaft in der Welt der Hunde und was verstehen sie darunter?

Aus meinen Erfahrungen ist eine tiefe Überzeugung entstanden, in der Hunde mit ihrer Lebensweise und ihrer Natürlichkeit zu echten Vorbildern für mich wurden. Dazu zählt auch die Art, wie Hunde Partnerschaften leben. Anders als wir Menschen füllen sie Worte mit Handlungen. Dadurch bekommen die Worte eine Tiefe und einen Inhalt, statt als leere Sprachhülsen von einem zum anderen transportiert zu werden.

Für Hunde ist die Gruppe mehr als nur die Summe ihrer Teile. Und eine Partnerschaft dient auch zu etwas Höherem als nur dazu, dass zwei als Partner durch das Leben gehen, um nicht mehr alleine zu sein. In der Partnerschaft drückt sich für Hunde der **ganze Sinn der Existenz** aus, wie in dem Kasten Seite 49 dargestellt:

WAS ZEICHNET EINE PARTNERSCHAFT AUS SICHT EINES HUNDES AUS?

- Eine Partnerschaft formt eine Gruppe, die gleichzeitig Lebensgrundlage wie Lebenszweck ist.
- Echte Partner stellen den Zweck der Partnerschaft über den Nutzen, die diese für den Einzelnen hat.
- Echte Partnerschaften haben gemeinsame Bedürfnisse, die sich von denen des Individuums nicht unterscheiden; die Partner schaffen eine Einheit, die dann wie ein Individuum auftritt.

Die folgenden zwei Modelle veranschaulichen, wie Partnerschaft zwischen Hund und Mensch gelingen kann.

Mensch und Hund als Partner auf Augenhöhe

In einer Familie oder Lebensgemeinschaft würde eine Partnerschaft auf Augenhöhe dem Bild von (Ehe-)Partnern entsprechen, die sich gleichberechtigt um die alltäglichen Notwendigkeiten oder um die Familie kümmern. Dabei nimmt jeder eine definierte Rolle ein und erfüllt die Aufgaben, die sich daraus ergeben.

Dieses Modell von Partnerschaft setzt auch bei Mensch und Hund eine gewisse psychische Reife, Kompetenz auf der Basis von Lebenserfahrung und emotionale Stabilität voraus. Wenn diese vorhanden sind, dann spricht bildlich gesprochen nichts dagegen, einem Hund ein entsprechendes Maß an Autonomie und Eigenverantwortung zuzugestehen. Im Sinne meines Bildes der wahren Bedürfnisse ist das die Erfüllung des dritten Bedürfnisses – der eigenen individuellen Entfaltung und dem Einbringen der eigenen Kompetenzen in die Partnerschaft und die Gruppe.

Was aber, wenn die Voraussetzungen für eine Partnerschaft auf Augenhöhe beim Hund nicht gegeben sind? Dann „rutscht" dieser in eine andere Rolle, die in dem Fall eine andere Form von Partnerschaft nötig macht.

Der Mensch als „Erziehungsberechtigter" des Hundes

Im Bild der Lebensgemeinschaft oder Familie entspricht die Rolle, die ein Hund dann einnimmt, sollten die Voraussetzungen für eine Partnerschaft auf Augenhöhe nicht gegeben sein, eher der eines Kindes. Ich möchte noch einmal betonen, dass es sich lediglich um Bilder und Metaphern handelt, die Ihnen ein Gefühl dafür vermitteln sollen, wie eine emotionale Verbundenheit sich im Alltag und im Zusammenleben mit Hunden zeigt, und sogar zeigen muss. Dabei ist es wirklich erstaunlich, wie ähnlich sich die Sozialstrukturen „Familie oder Lebensgemeinschaft" und „Hundegruppe" sind.

Wenn Sie sich nun Ihrem Hund gegenüber in einer „elterlichen" Rolle befinden, erwartet er von Ihnen aber auch, dass Sie sich entsprechend verhalten. Sie haben dann die Verantwortung dafür, dass Ihr Hund sich entwickeln kann und er hat wiederum das Recht darauf, sich auf Sie verlassen zu können.

Je nachdem, welche Rolle der Hund aufgrund seines Alters, seiner Vorgeschichte oder eines Entwicklungsstandes nun einnimmt und welches Bild von Partnerschaft oder Beziehung vorherrscht,

Der Mensch weist dem Hund die Richtung. Diese Autorität gibt ihm Sicherheit, weil er dadurch seine Grenzen, aber auch seine Freiräume erfährt.

ergeben sich daraus unterschiedliche Konsequenzen für das Zusammenleben. Diese zeige ich Ihnen wieder anhand von verständlichen Beispielen aus dem Alltag eines Hundehalters.

Verlässliche Partnerschaft aus Hundesicht

Es gibt ja eine Menge Ratgeber und Trainingssysteme, in denen Menschen beigebracht wird, Hunde zu führen, zu erziehen, zu dressieren oder mit ihnen zu spielen. Dabei geht es in erster Linie um Wissen und Techniken auf der Grundlage von Körpersprache, Verhaltensregeln oder Lerntheorie. Ein erwünschtes Verhalten beim Hund wird also durch jemanden geformt, der weiß, wie man sich als Mensch verhalten muss, damit ein Hund dieses Verhalten zeigt.

Die Frage, ob dieses Verhalten aus Sicht des Hundes sinnvoll oder überhaupt natürlich ist, wird dabei oft übergangen. Wenn wir uns nun aber für die natürlichen Bedürfnisse unserer Vierbeiner und damit für ihre natürlichen Kompetenzen interessieren, dann brauchen wir an erster Stelle vielleicht gar kein Training, sondern erst einmal Verständnis für das Verhalten der Hunde. Und wenn dann ein Training nötig wird, dann mehr für den Menschen als für die Vierbeiner. Die können das, was wir von ihnen erwarten, eigentlich schon. So wie ein Auto grundsätzlich fahren kann, jedoch einen Fahrer braucht, der es in Bewegung bringt. Dessen Kompetenz bestimmt darüber, ob das Fahrzeug auf der Straße bleibt, nicht das Auto selbst.

Stellen Sie sich vor, ein Hund verhält sich aus menschlicher Sicht völlig daneben. Im herkömmlichen Ansatz würde dem Menschen ein Training vorgegeben, dessen Ziel eine Verhaltensänderung beim Hund ist.

Drehen Sie das aber einmal um und betrachten Sie das Ganze aus Sicht des Hundes: Er versucht, mit seinem Verhalten darauf hinzuweisen, dass er sich nicht imstande sieht, seine ihm vom Menschen zugewiesene Rolle auszufüllen und die damit verbundene Verantwortung und die Aufgaben zu tragen. Diese Überforderung äußert sich in Frustration, Wut, Ohnmacht und letztlich in aggressiven Ausbrüchen.

Hunde sind Menschen in dieser Hinsicht unfassbar ähnlich. Dafür gibt es unter anderem ganz simple, naturwissenschaftliche und physiologische Erklärungen. Der Aufbau und die Funktionen des Nervensystems, des Gehirns, seiner einzelnen Regionen mit Weiterleitung und Verarbeitung von Reizen und den damit verbundenen Emotionen sowie dem Stoffwechsel inklusive Hormonsystem und des daraus resultierenden Verhaltens sind größtenteils völlig identisch.

Gefühle sind vor diesem Hintergrund nichts Erdachtes oder Teil einer Weltanschauung. Sie sind messbar, zum Beispiel über Botenstoffe und Hormone im Blut und in Form von Energie, die physikalisch messbare Wellen erzeugt. Ganz unromantisch ist die Basis für emotionale Verbundenheit dann auch, Kenntnisse über neurologische und physiologische Vorgänge im Körper zu besitzen und das Wissen darüber für die eigenen Reaktionen auf das Verhalten unserer Hunde zu nutzen.

Übersetzt auf die Frage, was einen verlässlichen Partner aus Sicht unserer Hunde nun ausmacht, ergeben sich daraus die im folgenden Kasten dargelegten Punkte.

WAS MACHT EINEN VERLÄSSLICHEN PARTNER AUS HUNDESICHT AUS?

Ein verlässlicher Partner ist aus Sicht der Hunde jemand,

- der für das Wohl des anderen eintritt, egal was es ihn selbst als Einsatz kostet.
- der sich für die Gefühle und Emotionen des anderen interessiert.
- der zuhört, wenn der Partner ihm etwas zu sagen hat.
- der den „Worten" des anderen mehr Beachtung schenkt als der eigenen Interpretation.
- dem wichtig ist, vom anderen verstanden zu werden.
- der die Verantwortung für eine ausgeglichene Beziehung in erster Linie bei sich selbst sieht, statt im Verhalten des anderen.
- der zu der Partnerschaft steht, egal was es dafür braucht.

Wenn Sie der verlässliche Partner sein möchten, den Ihr Hund sich wünscht – wie groß ist Ihre Bereitschaft, sich selbst weiterzubilden, sich zu entwickeln und sich diesen Aufgaben zu stellen? Egal wie lange es dauert, egal was es dafür braucht?

Mit Ihrem Entschluss, sich mit diesem Buch auf die Welt der Hunde einzulassen, sich auf die Reise zu begeben, haben Sie bereits den ersten großen Schritt getan. Dabei sind Sie auch weiterhin nicht alleine. Denn meine Bereitschaft, Sie darin zu unterstützen, ist so groß wie das Bedürfnis der Hunde nach einem Menschen mit diesen Fähigkeiten an ihrer Seite.

Auch mal gemeinsam Blödsinn machen gehört zu einer vertrauensvollen Beziehung dazu.

Rollenverteilung statt Hierarchie

An den verschiedensten Stellen habe ich bereits davon gesprochen, dass es in einer Partnerschaft, ganz allgemein, auch darum geht, die Rollen klar zu definieren. Eine Gruppe funktioniert dann am besten, wenn jeder darin seine Rolle und seine Aufgaben kennt.

Da Hunden jedoch eine basisdemokratische Struktur fremd ist, gibt es bei dieser Rollenverteilung eben auch die Rolle des Anführers oder Entscheiders. Und es gibt die Rollen derjenigen, die sich dieser Entscheidungen anschließen. Dazu gehört ganz zwangsläufig, dass man in einer Gruppe auch die Beschlüsse mitträgt, die einem aus persönlicher Sicht nicht gefallen, die aber trotzdem dem Wohle der Gruppe dienen.

Autorität schafft Stabilität

Derjenige, der die Rolle des Entscheiders innehat, muss bereit sein, seine Macht einzusetzen, um die Entscheidung eventuell auch gegen den Widerstand eines anderen Gruppenmitgliedes durchzusetzen. Das ist der undankbarste Moment der Führung – einerseits dient sie der ganzen Gruppe, andererseits macht man sich als Anführer bei einigen Mitgliedern der Gruppe unbeliebt. Die Souveränität eines guten Leaders zeigt sich für mich darin, dass ihm die Entscheidung zum Wohle der Allgemeinheit wichtiger ist, als sein eigenes Ansehen bei einzelnen aus der Gemeinschaft.

Sobald es um Autorität, Führung oder Macht geht, wenden sich viele Menschen jedoch angewidert ab. Vor allem, wenn es zusätzlich um Tiere und den menschlichen Umgang mit ihnen geht. Das ist für mich verständlich und nachvollziehbar, weil ich selbst, wie Sie sicher auch, in meinem Leben Erfahrungen mit Menschen gemacht habe, die ihre Macht und ihre Autorität mehr als Selbstzweck missbraucht haben, unter der andere dann leiden mussten.

In der Welt unserer Hunde haben Macht, Autorität, Strenge und Disziplin jedoch eine ganz andere Gültigkeit. Dort dient die Macht des Führenden denjenigen, für die er als Anführer verantwortlich ist. Autorität und Strenge werden eingesetzt, um dem **Wohle der Gruppe** zu dienen und nicht dem Wohle des Chefs. Disziplin ist eine Tugend, die von den „Herrschenden" als Vorbilder für die anderen Mitglieder der Gruppe vorgelebt werden.

Eine verlässliche Partnerschaft mit Hunden kommt somit ohne die Bereitschaft, **verbindliche Entscheidungen** zu treffen und diese durchzusetzen, nicht aus. Die kleinste Instabilität wird von Hunden erkannt und sofort übernehmen die Vierbeiner einen Teil der Entscheidungen mit. Wenn der Hund, der in diese Rolle tritt, souverän und kompetent ist, dann ist das ein Segen für die Gruppe. In der Regel reagieren aber diejenigen als erstes, die am schnellsten unter der Führungslosigkeit leiden. Das sind die Hunde, die sich lieber der Entscheidung eines anderen unterordnen würden, wenn es denn eine gäbe. In der Rolle des Entscheiders agieren diese dann eher übertrieben, hilflos bis hysterisch.

Was ich so fantastisch finde ist, wie selbstverständlich dieses Rollenverständnis für unsere Hunde ist. Sowohl für die, die ihre Macht in den Dienst der Gruppe stellen müssen als auch für die anderen, die unter dieser Macht Sicherheit und Ordnung erfahren dürfen. Es ist manchmal nur ein Wechsel der Perspektive nötig und Begriffe mit einem negativen Beigeschmack erscheinen plötzlich in einem anderen Licht.

Ohne diesen Wechsel in der Betrachtungsweise und Deutung von Begriffen wie Ordnung oder Macht ist es unmöglich, die Welt der Hunde und ihrer Bedürfnisse auch nur annähernd zu verstehen. In der Oberflächlichkeit von Tierliebe und Tierhaltung profitieren nur die Menschen von der Anwesenheit der Tiere, selten aber die Tiere von der Gegenwart der Menschen.

Es bleibt nun die Frage, wie Menschen ihren Hunden zeigen können, dass sie verlässliche Sozialpartner sind. Sowohl in der Hinsicht, einem souveränen Hund Verantwortung zu übertragen und so seine Kompetenz für die Gruppe zu nutzen als auch in der anderen Weise, nämlich eher weichen und schwächeren Hunden, die sich lieber unterordnen und anderen die Verantwortung übertragen würden, genau diese Verantwortung abzunehmen.

Der Schlüssel dazu liegt in der Kommunikation zwischen Menschen und Hunden, im Verstehen und Verstandenwerden. Die genauen Werkzeuge der Kommunikation erläutere ich Ihnen in den nächsten zwei Hauptkapiteln.

Wir schauen uns vorher noch das dritte Bedürfnis von Hunden an: das Bedürfnis, die eigene Persönlichkeit zu entfalten und die daraus resultierenden Fähigkeiten der sozialen Gemeinschaft, in der der Hund lebt, zur Verfügung zu stellen.

Entwicklung und Entfaltung der eigenen Persönlichkeit

Jeder Hund ist eine individuelle Persönlichkeit – und er hat ein Recht darauf. Er muss daher von seinem Menschen die Möglichkeit bekommen, diese zu entwickeln und entsprechend seiner Persönlichkeit leben zu dürfen.

Ein Hund, der zu seinem Menschen „aufschaut", ist sich seiner Rolle und der seines Zweibeiners bewusst. So wird aus „Du und Ich" ein „Wir".

Der Neurobiologe Gerald Hüther hat in einem Vortrag über die Entstehung des Selbstbewusstseins einmal sinngemäß gesagt: Um ein Bewusstsein für das eigene Selbst auszubilden, braucht es immer ein Gegenüber. Ohne ein „Du" kann es kein „Ich" geben. Und ohne eines sich selbst bewussten „Ich" kann es kein „Wir" im Sinne einer Beziehung oder Partnerschaft geben. Er meinte es zwar in Bezug auf Menschen, ich übernehme das jedoch genau so für unsere Beziehung zu den Vierbeinern.

Wenn wir Hunde nun in ihrer ganzen sozialen Kompetenz wahrnehmen und beobachten, wie sie sich in Gruppen organisieren und in dieser Gruppe Ordnung und Struktur schaffen, dann können wir ihnen auch ein **Selbstbewusstsein** und eine **individuelle Persönlichkeit** zuschreiben. Ob das gerechtfertigt ist oder nicht, muss an dieser Stelle nicht diskutiert werden. Ich möchte ja keinen wissenschaftlichen Beweis für die Richtigkeit meiner Argumente antreten, sondern verwende die Begriffe mehr als Bild, das vor allem dem tieferen Verständnis dieser wunderbaren Wesen dient.

In einer Gruppe mit fünf Hunden treffen verschiedene Persönlichkeiten aufeinander. Das ist wunderschön, kann aber auch herausfordernd sein.

Die Persönlichkeiten-meiner Hunde

Damit Sie ein Bild davon bekommen, wie sich die Persönlichkeit bei Hunden zeigt, möchte ich Ihnen die meiner eigenen Vierbeiner, inklusive ihrer Charakterzüge, beschreiben.

Natürlich schaue ich bei meinen Hunden auch darauf, welcher meiner Vierbeiner woran Freude hat. Mein Rüde Sebastian liebt beispielsweise das Rennen, meine älteste Hündin Fani mag Gehorsamsübungen in Verbindung mit Futter und meine kleinste Hündin, Itzy, ist für jede Form von Spiel mit Objekten zu begeistern.

Damit habe ich aber nur ihre individuellen Vorlieben beschrieben. Über ihre Persönlichkeiten und den individuellen Wert ihrer Charaktere für die soziale Gemeinschaft sagt das noch nicht viel aus. Die eigentliche Persönlichkeit meiner Hunde wird erst sichtbar, wenn ich ihr Verhalten und die dahinterliegenden Bedürfnisse und Absichten im täglichen Zusammenleben und mit Blick auf die Ordnung der gesamten Gruppe beschreibe.

Sebastian

Meinem Rüden ist zum Beispiel wichtig, sich mit um die Ordnung der Gruppe zu kümmern. Er arbeitet mir quasi zu, indem er mir durch seinen Bewegungsradius, seinem Energieniveau und seiner gesamten Befindlichkeit zeigt, wie weit sich die anderen Hunde aus unserer Gruppe entfernen dürfen, ohne dass diese als Gemeinschaft Schaden nimmt. Sebastian ist dabei derjenige mit der größten Abhängigkeit von der Gruppe. Er ist darum für mich der Gradmesser dafür, wie gut ich sie führe. Je ruhiger und je motivierter Sebastian für individuelles Spiel oder Beschäftigung ist, desto höher ist die Ordnung und die Sicherheit in unserer Gemeinschaft. Ich sehe also an ihm, wie es um die Verfassung der Gruppe bestellt ist, und ob ein anderes Gruppenmitglied ihr mit seinem Verhalten schadet oder nicht.

Fani

Meine älteste Hündin Fani braucht aus ihrer Sicht eigentlich keine echte Gruppe. Es ist für sie okay, dass die anderen da sind, aus ihrer Geschichte heraus steht sie aber auf dem Standpunkt, dass man alleine besser klarkommt. Sie hat in ihrem Leben als Welpe schon gelernt, dass das Leben ein individueller Überlebenskampf ist, den man gewinnen muss, wenn man überleben will. Und sie wollte überleben. Das macht einen großen Teil ihrer Persönlichkeit aus, der aufgrund ihrer frühen Lebenserfahrungen festgeschrieben ist.

Es gibt auch den Teil in ihr, der einen guten Leithund ausgemacht hätte. Der konnte sich allerdings leider nie entwickeln, sodass all ihre Energie in ihr individuelles Überleben geflossen ist statt in den Dienst einer Gruppe. Dazu kommt noch, dass ich all das noch nicht so klar gesehen habe, als sie in mein Leben trat. Diese Sichtweise auf Persönlichkeiten von Hunden musste ich selbst erst lernen, und ein Großteil meines diesbezüglichen Wissens habe ich ihr zu verdanken. Insofern hat sie ihr Leben auf ihre Art dann doch in den Dienst ihrer Gruppe gestellt, indem sie mir so viel beigebracht hat.

Itzy

Die dritte im Bunde, Itzy, ist als Welpe zu mir und Fani gekommen. An ihr habe ich gelernt, welche Fehler man als Welpenhalter machen muss, um einen vollkommen egozentrischen und narzisstischen Hund großzuziehen. Ihre „negativen" Eigenschaften sind die Folgen meiner Erziehungsfehler, nicht Ausdruck ihrer Persönlichkeit.

Ich habe Itzy zusammen mit Fani anfangs viel zu viel Raum gegeben. Und als Terrier-Mix war sie von klein auf dem Jagen nicht abgeneigt. Bis ich kapiert habe, dass ich mir mit den Freiheiten einen vom Jagen besessenen Kleinhund heranziehe, war das Kind schon in den Brunnen gefallen. Ich kann gar nicht mehr sagen, wann es exakt angefangen hat, die Auswirkungen meiner Fehler sind aber noch heute zu erkennen. Zu ihrem und unserem Leidwesen.

Ihr eigentlichen Wesen ist das eines dem Menschen extrem zugewandten, verspielten, weichen und leichtführigen Hundes. Indem ich zugelassen habe, dass sie ihren Jagdinstinkt völlig unkontrolliert ausleben konnte, habe ich sie quasi in einen Egoismus hinein erzogen, der nicht ihrer eigentlichen Persönlichkeit entspricht.

Unabhängig von diesem Verhalten, das auf meine damalige Inkompetenz und Blauäugigkeit als Erst-Welpen-Besitzer zurückgeht, ist sie ein lustiger Hund mit einer starken Bindung zur gesamten Gruppe. Sie ist gerne beim Menschen und spielt oder arbeitet mit ihm zusammen. Sie liebt es aber auch, in der Gruppe mit den anderen Hunden Blödsinn zu machen oder einfach nur mit Spaß und Freude das Leben zu genießen und für diese Spielfreude zu nutzen. Sie ist der Gute-Laune-Bär und der Sonnenschein im Rudel, die für jeden Quatsch zu haben ist und das Leben nicht ganz so ernst nimmt. Außerhalb ihrer eigenen Gruppe braucht sie aber nicht wirklich Kontakt zu Artgenossen. Es sei denn, die haben selbst auch Blödsinn im Kopf, dann sind sie ihre Freunde.

Hatty und Njola

Und dann gibt es ja auch noch Hatty und Njola, die beiden Elo-Hündinnen meiner Frau. Wenn sie die Wahl gehabt hätten, sie hätten sich meine Hunde ganz sicher nicht als Rudelmitglieder ausgesucht. Bis auf Njola und Itzy, die sich von Anfang an gemocht haben, tolerieren sich die anderen zwar, brauchen sich jedoch nicht. Man kann sagen, wir leben mit fünf Hunden zusammen, die innerhalb unserer Gemeinschaft aber noch einmal zwei Gruppen bilden.

Aus dieser Beschreibung der Persönlichkeiten meiner Hunde ergibt sich automatisch, wie ich meine Gruppe als Gemeinschaft führen, aber auch, wie ich mit den einzelnen Individuen und deren Besonderheiten umgehen muss. Die einzelnen Persönlichkeiten formen die Gruppe, brauchen aber auch als Einzelpersönlichkeiten hin und wieder individuellen Spielraum.

Das Schöne am Zusammenleben mit mehreren Hunden ist, dass die Gruppe allen Mitgliedern ja schon den Rahmen vorgibt, in dem sich Persönlichkeiten entfalten können. Nur durch den Umstand, dass die Gruppe jeden einzelnen braucht (nicht jeder einzelne aber braucht eine Gruppe) entsteht auch die Notwendigkeit, individuelle Wünsche den Bedürfnissen der Gruppe unterzuordnen. So ermögliche ich es Hunden, ihre Persönlichkeit aufgrund ihrer Natur als Rudeltiere entwickeln und entfalten zu können.

Eine Chance auf Persönlichkeitsentwicklung

Eine Persönlichkeitsentwicklung der Hunde setzt aber eben auch eine völlig andere Sicht auf die Bedürfnisse unserer Vierbeiner voraus. Solange Menschen nur die individuellen Vorlieben ihrer Hunde sehen und darauf bedacht sind, alleine diesen individuellen Wünschen gerecht zu werden, besteht weder die Notwendigkeit noch die Möglichkeit für die Hunde, die anderen Anteile „anzuzapfen“. Wenn Persönlichkeitsanteile, die dem Zusammenleben nutzen könnten, von der Gemeinschaft nicht abgefragt, eingefordert oder gefördert werden, dann besteht für Hunde, wie für Menschen, auch kein Grund, diese Anteile auszubilden.

Ob ein Vierbeiner seine Persönlichkeit entfalten kann, hängt also von unserer menschlichen Haltung und unserer Einstellung Hunden, ihrem Verhalten und ihren Bedürfnissen gegenüber ab.

Das gleiche gilt für die Chancen, die ein Hund bekommt, diese Anteile seiner Persönlichkeit zu entwickeln. Er muss von seinem Menschen einen Rahmen vorgegeben bekommen, in dem es sinnvoll ist, sich mit seiner Persönlichkeit für die

Den zwölf Jahren mit Fani verdanke ich den Großteil meines Hundewissens. Das war oft eine harte Schule, aber jeder Moment hat sich gelohnt.

Gruppe einzubringen statt alleine auf seinen eigenen Spaß bedacht zu sein.

Hunden aufgrund ihrer Verhaltensweisen bestimmte Persönlichkeitsattribute zuzuschreiben, halte ich für oberflächlich und gleichermaßen unfair. Da gilt das gleiche wie bei Kindern auch – je häufiger ich einem Kind sage, dass es nervt oder sich unmöglich benimmt, desto mehr wird sich das Kind auch so verhalten. Je häufiger ich meinem Hund die Attribute „Macho" oder „Zicke" zuschreibe, desto sicherer wird er sich auch genau so verhalten. Das Verhalten ist weder die Absicht noch das Bedürfnis und auch nicht die Persönlichkeit meines Hundes.

Eine Partnerschaft, die auch eine emotionale Verbundenheit beinhaltet, braucht also sowohl die Bereitschaft des Menschen, die Rolle des Entscheiders einzunehmen und Hunde durch Einschränkung und autoritäre Führung zu entlasten, als auch zum Gegenteil fähig zu sein, also Vierbeinern eine Autonomie und Entscheidungsgewalt zu übertragen. Dem zugrunde liegt die Fähigkeit, einschätzen zu können, was ein Hund ganz individuell braucht und worin er kompetent ist.

Vielleicht sehen Sie in dieser Argumentation einen Widerspruch. Das kann ich auch verstehen, allerdings nicht ohne anzumerken, dass Ihnen lediglich weitere Informationen fehlen, die die Zusammenhänge so verdeutlichen, dass sich der scheinbare Widerstand auflöst.

Die Dynamik zwischen wahren Bedürfnissen und Verhalten

Diese drei grundlegendsten und natürlichsten Bedürfnisse unserer Hunde **sicherer Raum**, **verlässliche Partnerschaft** sowie **Entwicklung und Entfaltung der eigenen Persönlichkeit** wirken nie alleine, sondern beeinflussen sich gegenseitig.

Die beiden ersten wahren Bedürfnisse sicherer Raum und verlässliche Partnerschaft kommen nicht ohne einander aus. Nur, wenn Sie als Mensch Ihrem Hund einen sicheren Raum bieten können, sind Sie aus seiner Sicht auch ein verlässlicher Partner. Und die Eigenschaften, die Sie zu einem verlässlichen Partner machen, schaffen automatisch auch einen sicheren Raum. Wie das genau zusammenhängt erläutere ich Ihnen ausführlich in den folgenden Kapiteln zur Kommunikation und in daran anschließenden Alltagsbeispielen.

Das Konzept ist keine Erfindung von mir. Es liegt seit Tausenden von Jahren im natürlichen Erbe unserer Hunde. Was Ihnen als Leser neu erscheint, ist vielleicht die Konsequenz, mit der ich das Wissen und die Folgen daraus zusammenfüge und bis zum Ende denke.

Sobald die beiden ersten Bedürfnisse befriedigt sind und der Hund einen sicheren Raum und eine verlässliche Partnerschaft mit seinem Menschen auch dauerhaft erlebt, kann er seine eigenen Persönlichkeitsanteile ausbilden und entfalten, sie in das Zusammenleben einbringen und so mit seinen individuellen Kompetenzen und Fähigkeiten ein selbstbewusstes Mitglied der sozialen Gruppe werden. Nichts anderes würde er doch tun, wenn er nicht beim Menschen, sondern in einer Hundegruppe leben würde.

Wir müssen dabei nicht so tun, als seien wir Hunde. Unseren Vierbeinern würde es genügen, wir würden unseren menschlichen Verstand und unsere Fähigkeit, uns in andere hineinversetzen zu können, konsequent und sinnvoll einsetzen. Stattdessen lassen wir uns nicht nur in Bezug auf Hunde oder anderen Tieren von unseren Emotionen treiben. Wir versichern, dass wir Tiere lieben, und dass uns deren Bedürfnisse wichtig sind, meinen aber letztlich mehr unsere eigenen Bedürfnisse, die wir dann auf dem Rücken der Tiere befriedigen. Das klingt vielleicht für den einen oder anderen hart, aber aus meiner Sicht ist das genauso.

Sind die wahren Bedürfnisse nicht gesichert, dann ist ein Hund in seiner Gruppe überwiegend damit beschäftigt, mit seinem Verhalten eine räumliche und soziale Ordnung bzw. Struktur herzustellen. Sie ziehen dann aus unterschiedlichen Gründen an der Leine, statt an der Seite ihres Menschen durchs Leben zu gehen. Welchen Grund hätten sie auch, es nicht zu tun? Sie bellen am Gartenzaun, weil sie den eigenen Raum durch andere gefährdet sehen. Die Hoffnung, dass ihre Menschen den Schutz des Raumes übernehmen, haben sie aufgrund unzähliger Erfahrungen bereits aufgegeben. Sie regen sich auf, sobald ein anderer Hund in Sicht ist – sei es, um diesen zu vertreiben oder in dem Wunsch und der Hoffnung, im Artgenossen einen verlässlicheren Partner zu finden.

Ich sehe in den Verhaltensweisen von Hunden, die von anderen als unangemessenes Fehlverhalten bezeichnet werden, lediglich erlernte und für sie typische Lösungsstrategien. Ob Sie als Mensch diese Lösungsansätze für sinnvoll bzw. logisch halten oder nicht, spielt dabei keine Rolle. Für den Hund sind sie folgerichtig oder waren in irgendeiner Form mal erfolgreich und werden damit ins Verhaltensrepertoire als „richtig, erfolgreich und notwendig“ aufgenommen.

Das Dilemma für unsere Hunde ist, dass wir Menschen hergehen und in solchen Verhaltensweisen Persönlichkeitsmerkmale des Vierbeiners ausmachen, die ihm unterstellen, er würde damit nach einer ranghohen Position in der Gruppe streben, besonders stur und eigenwillig sein oder seinen Menschen nicht ausreichend respektieren. Nichts von all dem ist richtig.

Wenn man schon in dieser Richtung nach einer Erklärung sucht, dann findet man sie vielleicht in der Form: Ein Hund verhält sich nicht grundlos auffällig. Scheinbar unangemessenes Verhalten deutet immer auf ein unbefriedigtes Grundbedürfnis hin.

Zusammenfassung

Die **wahren Bedürfnisse** sind die Triebfedern für jedes Verhalten unserer Hunde. Wer seinen Vierbeiner verstehen will, muss deshalb immer auch seine wahren Bedürfnisse kennen und achten.

- *Hunden richtig zuhören* heißt, die eigene Wahrnehmung und Beobachtungsgabe zu schulen. Dies umfasst:
  1. Die persönliche Wahrnehmung reflektieren und ausbilden.
  2. Den Hund genau beobachten, anstatt sein Verhalten vorschnell zu interpretieren.
  3. Seine Signale erkennen und richtig deuten.
  4. Die Emotionen des Hundes hinter seinem Verhalten wahrnehmen.
  5. Die wahren Bedürfnisse hinter seinem Verhalten kennen.
- Zwischen Beobachtung und Verstehen des Hundes steht immer die Interpretation dessen, was sein Mensch wahrnimmt.
- Was er seinem Menschen sagen möchte und was dieser versteht, ist nicht immer deckungsgleich.
- Hunde drücken mit ihrem Verhalten immer auch eines ihrer **wahren Bedürfnisse** aus:
  1. ein sicherer Raum
  2. ein verlässlicher Partner
  3. eine eigene Persönlichkeit
- Ist ein Hund entspannt, sind seine Bedürfnisse befriedigt.
- In auffälligem Verhalten wie Unruhe, Aggression oder Angst drückt sich eine mangelhafte Bedürfnisbefriedigung aus.
- Im täglichen Miteinander finden sich zahlreiche Situationen, in denen Hunde ihre Bedürfnisse mitteilen.
- In diesen Momenten lässt sich lernen, seinem Vierbeiner richtig zuzuhören, seine Bedürfnisse zu erkennen und sich ihm in einer Sprache mitzuteilen, die er verstehen kann.

Aufgaben

1. Beobachten Sie Ihren Hund in typischen täglichen Situationen. Verhält er sich auffällig? Achten Sie darauf, wie schnell Sie sein Verhalten in diesen Momenten interpretieren und bewerten.
2. Überlegen Sie, ob es für sein Verhalten auch eine andere Erklärung als Ihre bisherige Interpretation geben kann. Welche könnte das sein?
3. Versuchen Sie, sich in Ihren Hund hineinzufühlen – wie geht es ihm in diesen Momenten? Was braucht er, damit es ihm besser geht?
4. Beobachten Sie, wo Ihnen die drei wahren Bedürfnisse im Zusammenleben mit Ihrem Hund begegnen.

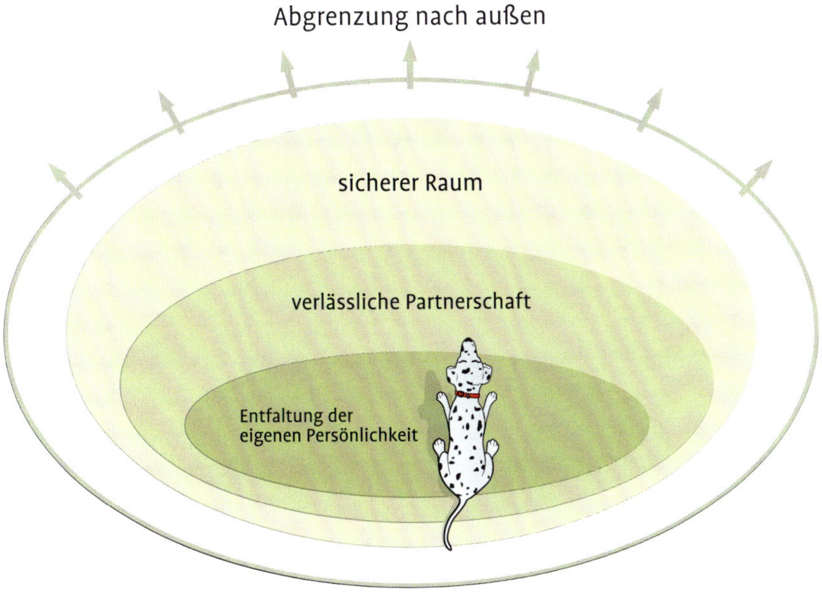

Die wahren Bedürfnisse

Ein sicherer Raum: Dafür ist eine Abgrenzung nach „außen“ notwendig, also zu anderen Gruppen, Menschen und Hunden. Zudem braucht es aber in der eigenen Gruppe neben Nähe und Kontakt auch einen Individualraum, also einen Raum, in dem Ihr Hund mal für sich sein kann.

Eine verlässliche Partnerschaft: Sie werden als Mensch zu einem verlässlichen Partner Ihres Hundes, indem Sie ihn verstehen lernen und sich so mitteilen, dass er eine Chance hat, Sie zu verstehen. Dazu gehört, sich in ihn hineinzufühlen und ihm emphatisch begegnen zu können.

Eine individuelle Persönlichkeit: Hunde haben wie Menschen auch ganz individuelle Charakterzüge, die in der Summe ihre Persönlichkeit ausmachen. Nur in einem sicheren Raum und in einer verlässlichen Partnerschaft kann Ihr Vierbeiner seine Persönlichkeit ausbilden und ausleben.

WAS HUNDE UNS MITTEILEN

Die Kommunikationsformen der Hunde

Hunde kommunizieren auf vielfältige Weise, wie wir Menschen auch. Diese Gemeinsamkeit ist mit ein Grund dafür, warum wir mit ihnen als Sozialpartner bereits eine so lange gemeinsame Geschichte haben.

Bevor Sie sich wundern, gleich zu Beginn ein Hinweis: Die innerartliche Kommunikationsform über Duftstoffe (olfaktorisch) lasse ich außen vor, da sie nur von Hund zu Mensch, nicht aber in die andere Richtung eine bedeutende Rolle bei der Mensch-Hund-Kommunikation spielt.

Die Form, die den meisten Hundehaltern bekannt sein dürfte, ist die Kommunikation mittels **Mimik**, **Körpersprache** und **Lautäußerung** (ich nenne die Mimik separat, obwohl sie mit zur Köpersprache gehört, da die Hunde über sie noch einmal feiner und subtiler kommunizieren). Selbst ungeübte Beobachter können durch Anleitung eines Trainers oder mithilfe von Videoanalysen nach kurzer Zeit die Signale eines Hundes erkennen und größtenteils auch deuten.

Das ist allerdings nur eine von drei Formen der Kommunikation, die ich Ihnen in diesem Kapitel näherbringen möchte. Wenn wir uns mit dem Wissen um körperliche Kommunikation unserer Vierbeiner zufriedengeben, dann gehen uns eine Menge wertvoller Informationen durch die Lappen, ohne die wir beispielsweise nie sagen könnten, wie es einem Hund emotional geht.

Die zweite und wesentlich komplexere Kommunikationsform ist die, in der teils einfache, teils sehr komplexe **Verhaltenssequenzen** zu Botschaften werden. Je komplexer diese Verhaltensmuster sind, desto anspruchsvoller wird es für Menschen, die Informationen darin zu erkennen, zu verstehen und richtig zu deuten. Dazu folgen auf den nächsten Seiten eine ganze Reihe von Beispielen aus dem Alltag, die Ihnen sicher bekannt vorkommen.

Die dritte Form der Kommunikation ist das unter Hunden selbstverständlichste Ausdrucksmittel – die **Stimmungsübertragung und Übermittlung von inneren, emotionalen Zuständen**. Die Signale auf dieser Ebene werden von Hunden sehr viel früher wahrgenommen als von Menschen. Wenn die Zweibeiner überhaupt mitbekommen, dass sie auf diese Weise kommunizieren.

Menschen wird der emotionale Zustand bzw. die Stimmung des eigenen oder eines fremden Hundes oft erst bewusst, wenn diese sich in einem eindeutigen Verhalten, einer deutlichen Körperhaltung oder einer typischen Mimik zeigt. Körpersprache, Mimik, Lautäußerung und Verhalten folgen aber der schon vorher aufkommenden inneren Stimmung und dienen dann

Fani und ich verstehen uns nach vielen gemeinsamen Jahren ohne Worte. Sie mich mehr, als ich sie. Aber ich lerne täglich Neues dazu.

als Signal dazu, den anderen unmissverständlich zu einer Reaktion zu bewegen.

Alle drei Ebenen sind wichtig, um Hunde überhaupt in ihrem Wesen und ihren Besonderheiten verstehen zu können. Dabei sind die erste und die zweite Ebene absolut essenziell, denn ohne ein Bewusstsein für die Kommunikation unserer Vierbeiner ist es nicht möglich,

› sie und ihr Verhalten zu verstehen,
› sich ihnen als Sozialpartner Mensch mitzuteilen und
› eine echte Verbundenheit mit Hunden herzustellen und zu gestalten.

Eine Beziehung ohne Kommunikation ist nicht möglich. Soll eine Beziehung zudem noch in tiefer emotionaler Verbundenheit bestehen, dann muss die Kommunikation auch möglichst störungs- und konfliktfrei verlaufen. Dazu sind die Kompetenzen „zuhören“ und „eindeutig sprechen“ oder, ein wenig technischer ausgedrückt: die eigene Empfangs- und Sendeeinheit richtig einstellen, unersetzlich und Grundbedingung für Gespräche, von denen beide etwas haben.

Um Ihren Hund zu verstehen und sich ihm verständlich zu machen, müssen Sie also gut geschult im Zuhören und Verstehen seiner Botschaften sein, die er über Signale transportiert, sich gleichzeitig aber auch selber gut ausdrücken können. Gut bedeutet in diesem Falle, dass nicht Sie alleine sich als Gesprächspartner gut finden, sondern sich von Ihrem Hund beurteilen lassen. Er gibt Ihnen wie ein guter Sprachlehrer permanent eine Rückmeldung, welche Botschaften, die Sie an ihn gesendet haben, in welcher Form bei ihm angekommen sind.

Die wichtigste Voraussetzung ist die Bereitschaft, anzuerkennen, dass der Hund immer recht hat, Sie aber nicht. Er beherrscht die Sprache, in der Sie eine Beziehung zu ihm aufbauen können, nicht Sie. Wenn er Sie nicht versteht, dann müssen Sie Ihr Signal verbessern, nicht der Hund sein Zuhören.

Zur Verdeutlichung ein **Beispiel**: Nehmen wir an, Sie richten ein Kommando wie „Hier" an Ihren Vierbeiner und erwarten selbstverständlich, dass seine Reaktion dem Kommando entspricht. Aus Ihrer Sicht hat er richtig zugehört, wenn er zu Ihnen kommt. Führt er das Kommando nicht aus, dann liegt es natürlich daran, dass er entweder nicht richtig zugehört hat oder gerade keine Lust hat, Ihnen zu gehorchen.

Wenn ich Ihr Trainer wäre, dann würde ich mir die folgenden beiden Dinge von Ihnen zeigen lassen:

1. Wie Sie Ihrem Hund das Kommando beigebracht haben. Das wäre der Trainingsteil, in dem es um Lerntheorie und den korrekten Aufbau des Hörzeichens „Hier" geht. Oft finde ich hier schon so eklatante Fehler, dass Punkt 2 in der Regel noch dazukommt.
2. Wie Sie im Moment der Verwendung des Kommandos mit Ihrer Körperhaltung, Ihrer Mimik, Ihrer Bewegung, Ihrem Blick und Ihrer inneren Haltung (also Ihrer eigenen Stimmung) auf Ihren Hund wirken. Diese Wirkung hält ihn vermutlich davon ab, zu Ihnen zu kommen. Denn mit all diesen Merkmalen signalisieren Sie ihm in seiner Sprache entweder „Bleib, wo du bist. Keinen Schritt näher!" oder im günstigsten Fall noch „Zu mir, aber seeehr langsam und vor allem, ohne mich anzuschauen!"

So ist das in der Kommunikation von Menschen und Hunden. Dabei habe ich noch gar nicht geschaut, in welcher Reizlage Sie das Kommando geben – Artgenossen, Wildtiere, Spuren am Boden usw. – und wie oft Sie schon versucht haben, Ihren Hund mit genau diesem Wort und diesem Ablauf zu sich zu zitieren. In der Summe hat er irgendwann gelernt, der Befehl „Hier" bedeutet „Bleib, wo du bist!"

Das ist frustrierend für alle Beteiligten, weil niemand den anderen versteht. Für den Hund wird es noch dramatischer, denn er hat es definitiv nicht in der Hand, etwas an dieser Misere zu ändern. Er ist dabei von seinem Menschen abhängig, und dieser wahrscheinlich von einem Trainer oder Coach, der ihn auf diese Zusammenhänge hinweist und darin anleitet, wie man es besser machen kann.

Für mich heißt *besser machen*, auf allen Ebenen dazuzulernen – Botschaften empfangen und senden, sich dabei der verschiedenen Ebenen bewusst zu sein und die eigene Wirkung einschätzen und bewusst wahrnehmen zu können.

Was genau es dafür braucht, erläutere ich Ihnen in den nächsten Abschnitten. Es geht zunächst um die Signale und die damit übermittelten Botschaften der Hunde und wie Sie diese erkennen und deuten können bzw. müssen. Bereiten Sie sich auf einen Sprachkurs der etwas anderen Art vor.

Zuvor noch einen Tipp aus der Praxis, der sich sehr bewährt hat: Machen Sie es sich zur Angewohnheit, Ihren Hund immer wieder mal zu filmen – beim Anleinen, wenn Sie nach Hause kommen, beim Kuscheln usw. Die geniale Technik unserer Smartphones sollte nicht ungenutzt bleiben.

Schauen Sie sich die Videos dann einfach auf dem Computer an (vielleicht sogar in Zeitlupe) und schulen Sie Ihr Auge für die ganzen Feinheiten, mit denen Hunde sich ausdrücken.

Kommunikation über den Körper und das Verhalten

Die Sprache der Hunde hat ihre eigene Grammatik und ihre eigenen Vokabeln. In der Kommunikation mit uns Menschen übermitteln sie Botschaften, die in für ihre Sprache typische Signale „verpackt" sind.

Vermutlich haben Sie schon einmal beobachtet, wie sich ein Hund einem anderen in geduckter Haltung nähert, dabei die Rute unter den Bauch geklemmt hat und sich vor dem Artgenossen auf die Seite oder auf den Rücken legt. Und Sie haben bestimmt schon einmal gesehen, wie ein Hund einem Gegenüber droht, indem er ihm die Zähne zeigt, die Nasenpartie zurückzieht bis der Nasenrücken sich kräuselt und dabei knurrt.

Das sind beides sehr auffällige und offensichtliche Signale, die man in die Bereiche Demuts- und Aggressionsverhalten einordnen kann. Selbst Menschen, die keine Hundehalter sind, verstehen die Botschaft hinter dem Signal – zumindest in großen Teilen. Das drohende Knurren löst dabei wahrscheinlich noch eher eine richtige Reaktion aus als die Demutsgeste. Die wird nämlich je nach Ausprägung nicht nur von unerfahrenen Nicht-Hundehaltern mit dem Bedürfnis des Tieres übersetzt, jemand möge ihn doch bitte am Bauch streicheln.

Gerade diese sehr alltäglichen und leicht zu erkennenden Signale unserer Vierbeiner sind es, mit denen Sie einen neuen Zugang zu der Welt Ihres Hundes bekommen können.

Körpersprache, Mimik und Lautäußerungen

In diesem Abschnitt werde ich nicht jedes einzelne Signal, das Hunde körpersprachlich oder als Lautäußerung senden, aufzählen und übersetzen. Dafür gibt es bereits andere Bücher oder noch besser Videos, die ausschließlich dieses Thema behandeln und die ich Ihnen dafür empfehle (siehe Seite 194). Ich konzentriere mich auf die Signale, die am häufigsten zu Missverständnissen beitragen. Diese müssen Sie sowohl erkennen und richtig deuten können, um Ihren Hund mit seinen Bedürfnissen, seiner emotionalen Befindlichkeit und in seinem individuellen Wesen sowie seiner Persönlichkeit überhaupt verstehen zu können.

Im ersten Schritt geht es gar nicht so sehr darum zu wissen, *wie der Hund sich mitteilt*, sondern *was er von sich mitteilt*. Hinter dem, *was* er mitteilt, finden wir seine wahren Bedürfnisse, die uns jetzt wieder begegnen und die eine große Bedeutung für das Verständnis der Kommunikation mit Hunden spielen. Bevor ich also ins Detail gehe, möchte ich Ihnen einen Überblick darüber geben, was Ihr Vierbeiner Ihnen mitteilen möchte.

Den Kontakt von Hunden an der Leine finde ich nicht schlimm – solange sie währenddessen artgemäß kommunizieren können und die Begegnung ruhig abläuft.

Um Menschen in die Sprache und die Kultur der Hunde einzuführen unterteile ich die Signale der Körpersprache, Mimik und Lautäußerung in vier Bereiche:

- Signale der Unterwürfigkeit bzw. Demut und der Aggressionshemmung
- Signale der Aggression
- Stresssignale – positiv wie negativ
- Signale des Übersprungs und des Konfliktabbaus

Da diese Signale oft in Verbindung mit typischen Verhaltensweisen gezeigt werden, gehe ich im nächsten Abschnitt zunächst auf deren Grundlagen ein, um dann im Folgenden diese beiden Kommunikationsformen zu kombinieren. Dann ist es für mich einfacher, Ihnen anhand von praktischen Beispielen die Zusammenhänge zwischen den Signalen und den Botschaften, die sie transportieren, zu erläutern. Sie können auf eigene Bilder aus Ihrem Leben mit Ihren Hunden zurückgreifen, um der Thematik Leben einzuhauchen.

Verhaltensmuster und -sequenzen

Es gibt einen Unterschied zwischen den beiden Begriffen Verhaltensmuster und Verhaltenssequenz, der wichtig ist.

Mit einem **Verhaltensmuster** ist ein Verhalten gemeint, das für diesen einen Hund in einer bestimmten Situation typisch ist. Dieses Muster taucht in ähnlichen Zusammenhängen immer wieder auf. Ein Beispiel ist die Reaktion eines Hundes auf einen entgegenkommenden Artgenossen – beispielsweise duckt er sich ab oder sucht etwas, was er ins Maul nehmen kann.

Eine **Verhaltenssequenz** ist eine Aufeinanderfolge von einzelnen Verhaltensmustern. Diese Abfolge von Mustern hat selbst auch einen Informationsgehalt. Je nachdem, welche Verhaltensmuster aufeinanderfolgen, ist die Information dahinter eine andere.

Ein Beispiel: Immer wenn ein Hund angeleint werden soll, springt er am Menschen hoch. Ist er an der Leine, beißt er in sie hinein. Sobald der Mensch einen Schritt in Richtung Haustüre macht, bellt er. Diese Abfolge ist eine Information über die Befindlichkeit des Hundes.

Die Unterteilung von Verhaltensmustern und -sequenzen hinsichtlich ihres Informationsgehaltes folgt im Grunde dem gleichen Muster wie bei der Kommunikation über den Körper:

- Unterwürfiges und aggressionshemmendes Verhalten,
- Aggressionsverhalten,
- Verhalten, das Stress zum Ausdruck bringt und mit dem Stress abgebaut wird sowie
- Übersprungverhalten, das einem Konflikt im Innen oder Außen entspringt.

Sie werden gleich sehen, wie wichtig das Kapitel zu den natürlichsten Bedürfnissen unserer Vierbeiner war und ist. Denn die Gründe, warum Hunde kommunizieren, hängen wieder eng mit dem Bedürfnis zusammen, die wahren Bedürfnisse befriedigen zu können. Was für ein Satz! Vereinfacht gesagt meint das: Hunde kommunizieren durch Körpersprache, Mimik, Lautäußerungen und spezifische Verhaltensweisen, um den eigenen Bedürfnissen und denen des Gegenübers gerecht zu werden. Dabei gilt: Nur, wenn ich die Bedürfnisse meines Gegenübers nach Unversehrtheit und Respekt achte, ist garantiert, dass er das gleiche bei mir auch tun kann. Und wenn er meine Grundbedürfnisse achtet, dann ist ein Kontakt zwischen uns möglich, aus dem alles werden kann – nur keine Bedrohung für den anderen.

WAS SIND VERHALTENSMUSTER BZW. -SEQUENZEN?

Sequenzen sind eine Aneinanderreihung von diversen Verhaltensweisen. Muster bilden sich anhand immer wiederkehrend gezeigtem Verhalten aus.

Das klingt vielleicht zu schön, um wahr zu sein und ich gebe zu, dass die Erfahrungen im Alltag es nicht leicht machen, daran zu glauben, dass das auch zwischen Mensch-Hund-Teams uneingeschränkt möglich ist. Aber es ist denkbar, und was denkbar ist, ist auch realisierbar. Diese Überzeugung treibt mich an, Sie auf Ihrer Reise zu begleiten.

Wenn wir uns mit diesem Verständnis der hündischen Kommunikation nun nähern, dann bekommt das *Was* und das *Warum* von Verhalten plötzlich eine enorme Bedeutung. Das *Wie* ist dann nur noch eine Frage des Beobachtens und Lernens. Machen wir also in der Reihenfolge weiter.

Ich beschreibe nun Schritt für Schritt anhand von Alltagssituationen, die jeder Hundehalter schon einmal erlebt hat, in Kombination von Körpersprache, Mimik, Lautäußerungen und Verhaltenssequenzen bzw. -mustern, wie und womit Hunde kommunizieren.

Unterwürfigkeit und Aggressionshemmung

Es scheint, als seien unterwürfiges Verhalten – oft auch einfach als Demut bezeichnet – und aggressionshemmendes Verhalten ein und dasselbe. In der Kommunikation zeigen sich dann die Unterschiede.

Eine Bemerkung vorab: Für mich sind Signale der Unterwürfigkeit und der Aggression zwei unterschiedliche Seiten der gleichen Medaille. Nur, dass das eine – die Unterwürfigkeit – in der menschlichen Interpretation nett, süß und freundlich genannt wird und das andere – die Aggression – als bösartig, unangemessen und gefährlich.

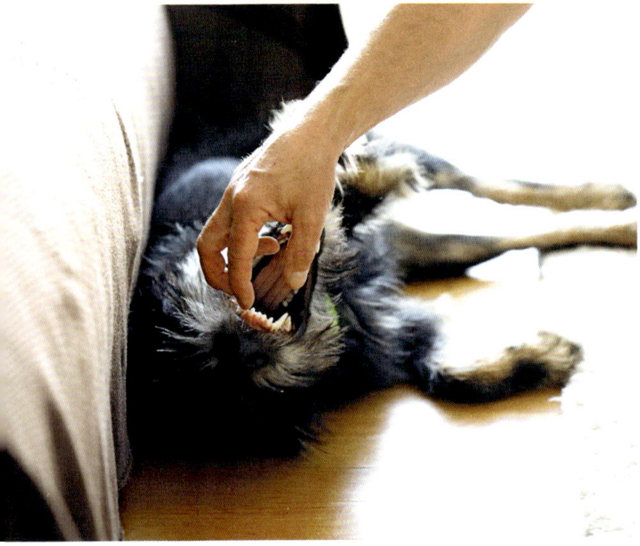

Zähne zeigen als Teil des Raufspiels – diese Form von „Aggression" ist im Spiel erlaubt, an anderer Stelle natürlich nicht.

Betrachtet man die Absicht hinter den Signalen, sind sich beide Bereiche ähnlicher, als man auf den ersten, oberflächlichen Blick denkt. Denn das Ziel beider ist, eine Klarheit in den Rollen herzustellen und dabei eine Distanz zum anderen aufrechtzuerhalten. Das ist im Falle der Aggression ja eindeutig – ein Hund droht, um den Artgenossen auf Distanz zu halten oder einen Abstand herzustellen, der unterschritten wurde.

Der Grund, warum es Menschen so schwerfällt, im unterwürfigen Verhalten eines Hundes die gleiche Absicht zu sehen, liegt in der Art und Weise, wie Menschen Verhalten von Hunden *deuten*. Ganz nüchtern betrachtet ist weder das eine noch das andere Signal bzw. Verhalten gut oder schlecht, richtig oder falsch, freundlich oder böse. In seiner Absicht ist es vor allem eines: aus Sicht des Handelnden angemessen.

Beobachten Sie Hunde, die miteinander kommunizieren, gibt es diese menschliche Interpretation nicht. Wenn ein Vierbeiner sich einem Artgenossen in der beschriebenen Weise unterwirft, dann nimmt der andere – sofern er der Souveränere von beiden ist – diese Geste ganz selbstverständlich und ohne großes Aufheben einfach nur zur Kenntnis. Das ist genau die Reaktion, die der unterwürfige Hund erwartet und die er ja mit seinem Verhalten beabsichtigt. Denn: **Unterwürfiges Verhalten** dient dazu, dem Gegenüber anzuzeigen, in welcher Beziehung man zueinandersteht. Der unterwürfige Hund verhält sich so, dass er den Raum des anderen weder respektlos betritt noch zu viel Raum einnimmt. Reagiert dieser distanziert – menschlich betrachtet ignorant –, ist das Ziel erreicht: **Distanz** schaffen und halten.

UNTERWÜRFIGES ODER AGGRESSIONSHEMMENDES VERHALTEN?

Mit **unterwürfigem Verhalten** (synonym auch „demütig“) zeigt ein Hund an, in welcher Rolle er sich dem anderen gegenüber selbst sieht. Unterwürfigkeit dient also dazu, die Rollenverteilung zu klären. **Aggressionshemmendes Verhalten** zeigt ein Hund als Reaktion auf die Signale eines Artgenossen, der sich aus seiner Sicht aggressiv verhält. Oftmals erkennen wir Menschen die aggressiven Signale gar nicht als solche, sichtbar werden sie durch das aggressionshemmendes Verhalten.

Viele meiner Kunden fragen mich dann, warum denn ein Hund dann nicht gleich auf Abstand bleibt? Dann würde ihm die Notwendigkeit, sich zu unterwerfen, doch erspart bleiben. Bezogen auf den Kontakt in diesem einen Moment ist das zutreffend. Mit Blick auf eine folgende Begegnung oder die Aussicht darauf, mit dem Artgenossen zukünftig in einer sozialen Gemeinschaft zu leben, besteht aber immer die Notwendigkeit, dem anderen im Sinne einer verlässlichen Partnerschaft (sie erinnern sich?) die eigene Rolle und Position mitzuteilen und durch die Reaktion des anderen die Rückmeldung zu erhalten, dass das so beschlossen ist. Der eine führt, der andere folgt. Der eine schafft Sicherheit durch seine Position und übernimmt Verantwortung, der andere erfährt diese Sicherheit und kann sich zurücknehmen.

Übertragen Sie das auf die Kommunikation zwischen Ihnen und Ihrem Vierbeiner, und manche Probleme lösen sich von jetzt auf gleich in Luft auf. Theoretisch. Praktisch auch, aber dafür müsste folgendes passieren:

Jedes Mal, wenn Ihr Hund mit Ihnen in Kontakt tritt und Signale oder Verhaltensweisen der Unterwürfigkeit zeigt, müssten Sie ihm durch Ihre Reaktion zeigen, dass er sich auf Sie verlassen kann. Das tun Sie aber nicht, indem Sie ihm den Bauch kraulen, ihn mit piepsender Stimme ansprechen und sich wie ein Kind darüber freuen, dass er „gestreichelt werden möchte“. Das entspricht zwar Ihrer Interpretation, nicht aber der Absicht des Hundes.

Sollten Sie bisher so oder so ähnlich auf unterwürfiges Verhalten Ihres Hundes reagiert haben, dürften Sie sich eigentlich nicht wundern, warum er in Ihnen nicht den Souverän der Gruppe erkennt und sich Ihnen nicht bedingungslos unterordnet. Die Folgen bekommen Sie erst später zu spüren, beispielsweise in Form von Leinenpöbeleien oder hoher Erregung in

Situationen, die aus seiner Sicht das zentralste Bedürfnis nach einem sicheren Raum und eigene Unversehrtheit gefährden. Warum sollte Ihr Hund sich an Sie wenden, wenn Sie eben noch darauf verzichtet haben, seine Unterwürfigkeit anzunehmen.

Aber das tolle ist ja, dass Sie sich auf den Weg gemacht haben. Damit Sie die anstehende „Reiseetappe" meistern, stelle ich Ihnen nun vor, woran Sie bei Ihrem Vierbeiner unterwürfiges Verhalten erkennen.

Wie zeigt sich unterwürfiges Verhalten?

Unterwürfiges Verhalten zeigen Hunde regelmäßig sowie in unterschiedlichen Situationen und Zusammenhängen. Da es in erster Linie dazu dient, eine Beziehung und ein Rollenverhältnis zwischen zwei Individuen zu klären oder zu gestalten, tritt es auch immer da auf, wo ein Hund mit einem Artgenossen (oder auch einem anderen Tier, in dem er einen möglichen Sozialpartner sieht – Katze,

In der Annäherung an einen Menschen zeigen sich Hunde fast immer unterwürfig. Das muss man erkennen und vor allem richtig darauf reagieren.

Pferd, Huhn usw.) oder einem Menschen kommuniziert. Da Hunde darauf bedacht sind, mögliche Konflikte bereits im Vorfeld zu vermeiden, zeigen nicht nur rangniedrige Tiere unterwürfiges Verhalten. Auch souveräne Hunde kommunizieren auf diese Weise, um beispielsweise ein sehr aufgeregtes Gegenüber zu beruhigen. Unterwürfiges Verhalten und aggressionshemmendes Verhalten gehen Hand in Hand mit der Absicht, den anderen oder sich selbst zu beruhigen.

Uns muss nun aber vor allem die Unterwürfigkeit interessieren, weil Menschen diese Signale oft überhaupt nicht wahrnehmen. Oder sie bekommen zwar mit, dass der Hund ihnen etwas sagt, sie übersetzen die Botschaft aber völlig falsch oder unzureichend. Daraus resultieren Missverständnisse, woraus wieder massive Konflikte zwischen Menschen und Hunden entstehen können, die dann in vermeintlichem Fehlverhalten der Hunde enden.

Der richtige Umgang mit unterwürfigem Verhalten der Hunde durch uns Menschen schafft die Basis für ein vertrauensvolles Miteinander. Fehler schaffen Unsicherheiten und Frustrationen bei Hunden, die sich dann in Verhaltensweisen äußern, die Menschen für therapiebedürftig halten. Dabei wollte der Hund sich irgendwann einmal unterordnen, durfte aber nicht. Verrückt, oder?

Das Ziel, eine tiefe emotionale Verbundenheit zu erschaffen, setzt zwar die Bereitschaft voraus, die Unterwürfigkeit eines Hundes anzunehmen. Das heißt aber nicht, dass der Vierbeiner sich bis zum Ende seiner Tage seinem Menschen so unterwürfig zeigen *muss*. Er muss aber die Möglichkeit bekommen, es zu tun, wenn er es für richtig hält. Ob Sie das genauso sehen, ist für den Hund erst einmal zweitrangig. Und dann hat er einen Anspruch auf eine angemessene Reaktion seines Menschen.

Unterwürfigkeit zeigt sich in einer typischen Körperhaltung, einer eindeutigen Mimik, oft auch in Kombination mit Lautäußerungen wie Winseln, Jaulen oder Bellen und in typischen Bewegungs- und Verhaltensmustern.

Die Körperhaltung und die Bewegungsmuster eines unterwürfigen Hundes wirken auf viele Halter so, als ob der Vierbeiner unsicher sei oder Angst habe. Das ist nur ein weiteres Missverständnis. Zum Verständnis hilft es aber vielleicht, wenn Sie sich das Bild eines Hundes vorstellen, der ängstlich *scheint*. Dann haben Sie zumindest einmal die typische Haltung eines unterwürfigen Hundes vor Augen. Die meisten Hunde, die mir von ihren Haltern als unsicher und ängstlich beschrieben werden, sind Tiere, die ein ausgeprägtes Demutsverhalten zeigen.

Signale und typische Verhaltensmuster

Mein Wunsch ist, dass Sie die Signale Ihres Hundes in Zukunft bewusster wahrnehmen. Dafür gebe ich Ihnen zunächst einmal einen Überblick über die möglichen Signale und typische Verhaltensmuster, in denen sich die Unterwürfigkeit eines Hundes zeigt, um die Auflistung anschließend mit Beispielen zu „unterfüttern". Sie erkennen dann wahrscheinlich sofort, wie oft Ihr Hund sich Ihnen oder anderen Sozialpartnern gegenüber unterwürfig (ge-)zeigt (hat).

SIGNALE DER UNTERWÜRFIGKEIT

- Züngeln mit der Zungenspitze bis hin zu vollständigem Lecken über die eigene Nasenpartie oder den Fang.
- Kopf abwenden, um den Blickkontakt zu vermeiden.
- Blinzeln oder Zwinkern mit den Augenlidern.
- Zurücklegen der Ohren, sodass die Kopfhaut sich spannt und der Gesichtsausdruck stark an einen Welpen erinnert (Unschuldsmine).
- Abgesenkte bis komplett unter den Bauch gezogene Rute.
- Abgedeckte Körperhaltung mit Absenken der Hinterhand und des hinteren Rückens.
- Verschiedene Lautäußerungen von Winseln über Jaulen und Bellen bis zu lautem Schreien, welches dann häufig als Wiedersehensfreude gedeutet wird.
- Bei starker Demut wird oft auch ein wenig Urin abgesetzt; in Verbindung mit starker Erregung auch mehr.

① Auf die sich nähernde Hand reagiert Sunny beschwichtigend, indem sie sich mit der Zunge über die Schnauze leckt.

② Als sich die Frau über Sunny beugt, zeigt diese unterwürfiges Verhalten und legt sich – immer noch züngelnd – auf die Seite.

③ Die Zunge ist als Signal der Beschwichtigung noch immer zu sehen, zusätzlich setzt sie die Pfote ein – eine weitere Demutsgeste.

④ Am Ende bleibt ein großes Missverständnis: Sunny sagt „Ich ordne mich doch schon unter!“, der Mensch hört „Streichel mich am Bauch!“

TYPISCHE VERHALTENSMUSTER EINES UNTERWÜRFIGEN HUNDES

- Sich im direkten Kontakt und bei Bedrängen durch den anderen hinlegen, die Pfoten in die Luft oder gegen den anderen strecken, und die Bauchpartie zeigen.
- Regungsloses Stehenbleiben, Hinsetzen oder Hinlegen in Kombination mit feiner, kaum merklicher Signalgebung durch die Gesichtsmimik (Züngeln, Blinzeln, Ohren anlegen).
- Hohe Bewegungsintensität mit auffälliger Rutenbewegung und aufdringlich erscheinendem Verhalten, beispielsweise den Anderen anspringen, mit der Pfote nach dem Anderen stupsen, dem Gegenüber an den Lefzen bzw. im Gesicht lecken, den Sozialpartner permanent und aufdringlich, mit nicht endendem Demutsverhalten verfolgen.
- Bei sehr hoher Erregung unterbrechen Hunde ihr unterwürfiges Verhalten oft, um kurz eine Runde zu rennen, ein Objekt ins Maul zu nehmen oder erscheinen für einen kurzen Moment auch aggressiv, weil sie knurrend den Arm des Menschen oder den Lauf des anderen Hundes festhalten müssen, um den Stress loszuwerden.

Das sind die Signale, die auf eine Reaktion warten. Die Reaktion ist wiederum abhängig davon, ob das Signal erkannt und richtig gedeutet wird. Und hier kommen Sie ins Spiel.

Sunny erscheint aufdringlich – sie leckt an meiner Hand und legt ihre Pfote auf meinen Unterarm. Viele würden den Hund nun streicheln …

… Das tue ich nicht. Deshalb kann Sunny den Blick von mir abwenden und sich beruhigen. Sie zeigt typische Signale der Unterwürfigkeit.

Kontaktaufnahme zwischen Hund und Mensch

Im Folgenden schildere ich Ihnen zunächst vier alltägliche Situationen, in denen unterwürfige Verhaltensmuster und Signale der Unterwürfigkeit typischerweise sichtbar werden. Dabei beschreibe ich nur eine Auswahl möglicher Varianten, wie sie sich im Alltag zeigen. Natürlich ist auch das Verhalten des Kommunikationspartners mitentscheidend, wie und in welcher Ausprägung Unterwürfigkeit gezeigt wird.

Ich bin mir sicher, dass Ihnen die eine oder andere Situation bekannt vorkommt.

Situation 1: Ein Hund bewegt sich auf einem Spaziergang auf einen entgegenkommenden Artgenossen zu. Beide laufen frei und dürfen von Seiten der Halter auch Kontakt zueinander aufnehmen. Im direkten Kontakt stehen sie sich ein wenig voneinander abgewandt gegenüber, bis einer der beiden den Körper immer mehr absenkt, mit Schulter und Kopf bereits am Boden ist, dann zur Seite fällt und dem anderen Vierbeiner die Bauchpartie präsentiert.

Situation 2: Ihr Hund liegt im Wohnzimmer auf seinem Liegeplatz. Sie betreten den Raum, sprechen oder schauen ihn an und bewegen sich – aus Ihrer Sicht freundlich – auf ihn zu. Seine Reaktion auf Ihre Annäherung ist, sich auf die Seite oder den Rücken zu drehen, die Pfoten in die Luft zu strecken und sich ein- oder zweimal kurz mit der Zunge über den Fang zu lecken.

Situation 3: Sie sitzen auf dem Sofa, Ihr Hund nähert sich Ihnen an und steht dann fragend vor Ihnen. Seine Mimik wirkt auf Sie bettelnd und Sie deuten seinen Blick als Frage: „Darf ich aufs Sofa?". Sie laden ihn ein, er legt sich neben Sie, Sie streicheln ihn. In einer Pause stupst der Hund mit der Nase unter Ihre Hand, Sie deuten das als „Mach weiter!"

Situation 4: Sie machen sich fertig für die Gassirunde, nehmen die Leine vom Haken und bewegen sich auf Ihren Hund zu oder er sich auf Sie. Während Sie ihm das Halsband bzw. das Geschirr anlegen, wendet der Hund häufig den Blick ab, schleckt sich über den Fang oder Ihnen an der Hand oder im Gesicht, legt die Ohren an, das Energieniveau steigt mit der Zeit und er wird immer unruhiger.

Weitere Situationen: Möglicherweise erkennen Sie sich ebenfalls in den folgenden Sätzen wieder, die so typisch sind für die menschliche Deutung von Hundeverhalten.

- Der Hund kommt zu mir und drückt sich an mich, weil er mich mag und von mir gestreichelt werden will. – Das kann auch bedeuten, dass er Sie in Ihrer Bewegung einschränkt.
- Wenn der Hund sich auf die Seite oder auf den Rücken dreht, wenn ich ihn anschaue, anspreche oder anfasse, dann genießt er meine Berührungen. – Möglicherweise verhält sich Ihr Hund in dem Moment aggressionshemmend und zeigt, dass er Ihre Berührung als aggressiv und übergriffig wahrnimmt.
- Der Hund freut sich, dass ich wieder zu Hause bin. – Hier wird Demutsverhalten mit einem Begrüßungsritual verwechselt. Das eine ist Teil des anderen, aber nicht dasselbe. Für beide gelten unterschiedliche Regeln, wie eine aus Hundesicht angemessene Reaktion durch den Menschen aussehen muss.
- Es ist respektlos, wenn ich nach Hause komme und mein Hund mich dann anspringt. – In vielen Fällen ist es genau das Gegenteil.
- Ich möchte nicht, dass mein Hund Angst vor mir hat und sich vor mir so klein macht. – Heißt übersetzt: „Ich verzichte lieber auf den Respekt und die Unterwürfigkeit meines Hundes, da ich diesen Anblick nicht ertrage."

Es ist tatsächlich nicht einfach, mit dieser Form der Kommunikation unserer Vierbeiner angemessen umzugehen. Unter Menschen gilt eben eine andere Kommunikationskultur mit anderen Formen und Verhaltensregeln. Im Umgang mit Hunden würden wir unseren Vierbeinern helfen, wenn wir uns auf ihre Umgangsformen einlassen und einstellen könnten. Die Reaktionen, die für Menschen typisch sind, sind aus Hundesicht oft verwirrend bis hin zu völlig unverständlich.

Was erwartet ein unterwürfiger Hund denn von seinem Gegenüber? Das ist im Grunde ganz einfach: Für den demütigen Hund wäre es ein Segen, wenn der andere den mit der Unterwürfigkeit verbundenen Respekt annimmt. Es wäre auch völlig selbstverständlich, denn genau das ist ja die Absicht und das Bedürfnis hinter dem Verhalten.

Ein wenig vermenschlicht denkt ein Hund so: „Ich brauche in meiner Gruppe jemanden, an dem ich mich orientieren kann. Ich selbst bin nicht fähig, größere Entscheidungen für das Wohl der Gruppe zu treffen, das überlasse ich lieber anderen. Mit meinem unterwürfigen Verhalten frage ich sie, ob sie diejenigen sind, denen ich das „Regieren“ überlassen kann. Nimmt einer mein Demutsangebot an, dann ist die Sache klar: Ich ordne mich ihm unter, finde unter seiner Führung Schutz und Ordnung und kann der Hund sein, der ich nun mal bin. In diesem Fall gibt es überhaupt keine Diskussion über seine Rolle, wieso auch? Es war

Der Reflex, den Hund anzufassen, ist übermächtig. Dass viele Vierbeiner diese Berührungen nicht wollen, erkennt man erst bei genauerem Hinschauen.

ja genau meine Absicht, so jemanden zu finden.

Wird meine Unterwürfigkeit aber nicht angenommen, indem ein Mensch mich zum Beispiel streichelt, wenn ich mich demütig verhalte, dann habe ich zwei Möglichkeiten: Entweder ich intensiviere mein Demutsverhalten oder ich schlüpfe in die Rolle desjenigen, der anderen Sicherheit und Ordnung geben muss. Da ich aber von meinem Wesen her nicht wirklich dazu in der Lage bin, ersticke ich mögliche Konflikte bereits im Keim, indem ich mich aufplustere und so tue, als sei ich stark genug, für Ordnung zu sorgen. In Wirklichkeit grenzt mein Verhalten eher an Hysterie, denn ich weiß genau, dass ich für diese Rolle der Falsche bin."

Auch auf die Gefahr hin, dass ich mich wiederhole: Wenn Sie etwas „schlimm *finden*" oder „*nicht* schlimm *finden*" heißt das nicht, dass es für Ihren Hund nicht trotzdem „schlimm *ist*" oder „*nicht* schlimm *ist*". Die Frage ist mehr, wen oder was ich wichtiger nehme?

Ein kurzes Zwischenfazit hierzu: Unterwürfiges Verhalten dient dazu, eine Rollenklarheit zwischen zwei Partnern – auch zwischen Mensch und Hund – herzustellen. Eine falsche Reaktion durch den Menschen sorgt dafür, dass die Rollen von da an anders verteilt werden. Das hat massive Auswirkungen auf die gesamte Kommunikation, die Beziehung, das Vertrauen des Hundes in seinen Menschen und beeinflusst natürlich auch, ob und in welcher Form ein Mensch sich emotional mit seinem Vierbeiner verbinden kann.

Somit bekommt das Verständnis für den Zweck und die Absichten von unterwürfigem Verhalten eine große Bedeutung für das Miteinander von Menschen und Hunden.

In welchen Situationen tritt unterwürfiges Verhalten des Hundes gegenüber Menschen typischerweise, aber eben oft unbemerkt oder falsch gedeutet, auf?

Ich verwende dazu die Zusammenhänge, die ich im letzten Kapitel zum sicheren Raum beschrieben habe. Es ist etwas abstrakt, wenn ich sage, dass Demutsverhalten immer dann gezeigt wird, wenn jemand in den Raum eines anderen tritt. Das geschieht zum einen in Begrüßungssituationen, in denen aus Sicht des Hundes die vorher bestehende Ordnung ins Wanken gerät und neu hergestellt werden muss. Zum anderen aber auch innerhalb der eigenen Gruppe, wenn man sich zum Beispiel näherkommt. Das wären dann typische Situationen wie:

- Der Hund nähert sich Ihnen an, etwa wenn Sie auf dem Sofa sitzen, oder befolgt Ihr Kommando, mit dem Sie ihn zu sich rufen; ich wette, dass Sie ab jetzt viel genauer auf seine Signale achten werden, die er Ihnen in diesen Momenten sendet.
- Sie nähern sich mit verschiedenen Absichten Ihrem Hund an – um ihn an- oder abzuleinen, ihn zu streicheln, ihm etwas wegzunehmen oder etwas zu geben, um ein Spiel zu beginnen oder einfach nur, weil Sie eben auch „den Raum", in dem er sich aufhält, betreten.

Für den Moment kann ich Ihnen die Frage, wie Sie denn richtig darauf reagieren sollen, nur halb beantworten. Die genaueren Zusammenhänge zwischen Signal des

Hundes und richtiger Reaktion zeige ich im nächsten Kapitel auf.

An dieser Stelle so viel: Beobachten Sie bitte im Alltag, wie viele dieser Signale Ihnen nun auffallen. Das ist die Basis für den zweiten Schritt. Reagieren Sie einfach so, wie Sie es vor ein paar Minuten noch getan hätten. Wenn Sie das Bedürfnis verspüren, Ihren Hund anzufassen oder anzusprechen, dann tun Sie das auch weiterhin. Allerdings mit einer Veränderung: Achten Sie auf die Reaktionen, die er dann zeigt!

Wenn es bei Ihrem Hund Signale der Unterwürfigkeit waren, die er Ihnen gesendet hat, dann löst Ihre Reaktion wie Anschauen, Ansprechen oder Anfassen in der Regel die Stufe der Konfliktbewältigung beim Hund aus. Statt Signale der Demut wird er nun eher Stresssignale oder aggressionshemmendes Verhalten zeigen. Das kann sich durch Gähnen, Kratzen, Schütteln oder schmatzende Maulbewegungen ausdrücken.

Wenn Sie vermeiden möchten, dass Ihr Hund Stress hat, verzichten Sie in diesen Situationen doch einfach einmal darauf, die Annäherung des Hundes mit einer Berührung oder einer direkten Kontaktaufnahme in Form von Anschauen oder Ansprechen zu erwidern. Schauen Sie dann, ob er sich schneller beruhigt und ohne Stressabbau und Konfliktbewältigung auskommt.

Ich muss betonen, dass all diese Signale in anderen Situationen etwas ganz anderes bedeuten können. Das macht es Ihnen nicht unbedingt leichter, Ihren Hund zu verstehen. Das ist ein bisschen wie mit chinesisches Schriftzeichen: Je nachdem, in welchem Zusammenhang ein Zeichen steht, bedeutet es gleichzeitig das eine oder aber auch das komplette Gegenteil. Der Kontext, also das Umfeld und die Gesamtsituation, entscheidet letztlich darüber, welcher Inhalt in einem Signal liegt, nicht alleine das Signal für sich betrachtet.

Erwähnen möchte ich zudem, dass es nicht immer eindeutig ist, ob ein Hund unterwürfiges Verhalten zeigt oder ob er aus Unsicherheit oder aufkommender **Angst** heraus handelt. Die Übergänge sind auch tatsächlich fließend. Ich möchte nicht behaupten, dass alle Hunde, die von ihren Haltern als unsicher oder ängstlich bezeichnet werden, lediglich demütig sind.

Die Verantwortung im Umgang mit echten Angsthunden ist sehr groß und die Gefahr, durch falsches Verhalten die Angst zu verfestigen oder das bisschen Vertrauen zu gefährden, das noch zu einem Menschen besteht, ist auch nicht von der Hand zu weisen.

In diesem Fall endet die Möglichkeit, die ein Buch für ein tieferes Verständnis bietet. Bitte nehmen Sie besser Kontakt zu einem gut ausgebildeten Trainer auf, der Sie und Ihren Hund ganz individuell empathisch betreut und begleitet.

Wie zeigt sich aggressionshemmendes Verhalten?

Aggressionshemmendes Verhalten ähnelt auf den ersten Blick sehr stark der Unterwürfigkeit, also dem Demutsverhalten. Eine Abgrenzung ist in der Praxis auch nicht immer so eindeutig möglich. Das macht es zum einen sehr anspruchsvoll, die Kommunikation mit Hunden so zu gestalten, dass es möglichst wenige Missverständnisse gibt. Zum anderen dient die Unterscheidung vor allem dazu, sich der Zusammenhänge zwischen hündischem Verhalten und menschlichem Ausdruck bewusst zu werden. Ich spiele hier auch ein wenig mit den Begriffen, um Ihnen die Bedeutung dieser Signale aus Sicht des Hundes zu verdeutlichen.

Signale und typische Verhaltensmuster

Wieso zeigt ein Hund als Folge einer falschen Reaktion des Menschen aggressionshemmendes Verhalten? Um das zu verstehen müssen Sie sich für einen Moment in das Tier hineinversetzen und sich vorstellen, welche Reaktion er von einem Artgenossen auf sein eigenes unterwürfiges Verhalten erwarten würde.

Roselie schnüffelt nicht zufällig am Boden. Sie zeigt damit, dass sie sich im Moment nicht ganz wohl fühlt und etwas Abstand braucht.

Eine angemessene Reaktion wäre, dass der andere Vierbeiner den Kontakt natürlich nicht sofort unterbrechen, in dem Kontakt nun aber sehr ruhig und souverän, langsam und achtsam agieren würde.

Die menschliche Reaktion als Folge der Deutung „Der Hund freut sich oder will Aufmerksamkeit und gestreichelt werden." kommt bei ihm jedoch genau gegenteilig an: Nähe und die Intensität der Berührungen nehmen zu, der Blick und die Aufmerksamkeit ist voll auf den Hund gerichtet und wirkt so aus dessen Sicht auf ihn eher bedrohlich als freundlich. Er schließt daraus, dass dem Menschen seine Unterwürfigkeit nicht genügt. Die Kontaktaufnahme ist aus Hundesicht eine Aggression, die nach mehr Demut verlangt.

Wichtig: Das gilt nur in diesem Kontext, also in diesem Zusammenhang. Die Schlussfolgerung ist nicht, dass ein Hund die Hände seines Menschen immer als bedrohlich wahrnimmt und dass Sie Ihren Vierbeiner nie mehr anfassen dürfen. Es bedeutet nur, dass Sie erkennen müssen, welche Ihrer menschlichen Handlungen für ihn einschätzbar bzw. verständlich sind und in seiner Wahrnehmung Sinn ergeben.

SIGNALE DES AGGRESSIONSHEMMENDEN VERHALTENS

- Gähnen
- Kratzen
- Fell aufschütteln
- Schnüffeln am Boden, an Objekten oder am Körper des anderen
- Schmatzende Bewegungen des Maules
- Kriechende, strampelnde, zappelnde und andere Bewegungen, die verspielt und albern wirken, in ihrer *Absicht* aber sehr ernst zu nehmen sind.

Es mag übertrieben erscheinen, entspricht aber dem Erleben der Hunde: Berührungen, die wir als freundlich und wohlwollend erleben und auch so meinen, werden von Hunden, die diese Signale senden, als übergriffig und grenzüberschreitend wahrgenommen. Dadurch erzwingen wir – natürlich ohne es zu wollen – mehr von dem unterwürfigen Verhalten, mit dem der Hund genau das verhindern will. Das geht solange gut, wie er die emotionalen Folgen dieses Missverständnisses an anderer Stelle kompensieren kann. Sogenanntes Fehlverhalten, als Folge fehlender Kompensationsmöglichkeit, ist demnach entweder ein Versuch, die hieraus resultierenden Konflikte zu bewältigen oder ein Zeichen dafür, dass der Hund an die Grenze seiner Anpassungsfähigkeit im Zusammenleben mit Menschen gekommen ist. Was ich genau damit meine, beschreibe ich Ihnen im Kapitel ab Seite 147, in dem ich scheinbar normale Alltagssituationen vor diesem Hintergrund analysiere.

In dieser Alltäglichkeit treffen die wahren Bedürfnisse der Hunde auf die Bedürftigkeit ihrer Menschen. Die Frage ist dann, wer für wen mit welchen Konsequenzen herhalten muss. Mein Ziel ist, in der Natürlichkeit der Hunde und ihrer natürlichsten Bedürfnisse die Grundlage für ein Miteinander zu finden, in dem Konflikte dieser Art nicht mehr oder nur noch in sehr abgeschwächter Form auftreten.

Es ist jedoch realitätsfern, zu denken, es gäbe überhaupt gar keine Missverständnisse mehr. Wir werden nie wie ein

Hund kommunizieren können und vom ihm auch nie wie ein Artgenosse wahrgenommen werden. Aber wir können schauen, welche kulturellen Umgangsformen und Regeln des Miteinanders von uns ohne Probleme übernommen und nachgeahmt werden können. Vielleicht ergibt sich daraus ja auch, dass wir zu einer ganz anderen Form der Menschlichkeit finden. Zu einem Selbst-Verständnis, wie Menschen mit Hunden leben und sich ihrer annehmen.

Nun zu den angekündigten Beispielen.

Unterwürfigkeit oder Aggressionshemmung?

Mit den folgenden beiden ganz alltäglichen Beispielen möchte ich Ihnen verdeutlichen, wie sich Unterwürfigkeit und aggressionshemmendes Verhalten bei einem Hund zeigen kann. Da es sich aber wirklich „nur" um Beispiele handelt, ist es möglich, dass das von Ihrem Vierbeiner gezeigte Verhalten in einer vergleichbaren Situation durchaus etwas anderes bedeutet.

Die Reaktionen der Hunde auf ihre Menschen sind immer ganzheitlich zu verstehen: Sie reagieren einmal auf die gerade vorherrschende Situation, dann aber auch immer auf Grundlage einer gemeinsamen oder der ganz individuellen (Vor-)Geschichte.

Spiel zwischen Hund und Mensch

Im gemeinsamen Spiel zeigt sich für mich die wahre Verbundenheit von Mensch und Hund.

Einerseits ganz emotional, weil es für mich immer wieder wie ein Wunder ist, dass sie bereit sind, mit Menschen zu spielen als wäre der Zweibeiner ein Artgenosse. Die Grenzen zwischen den beiden Welten verschwimmen dann – Mensch und Hund tauchen ein in eine gemeinsame Welt. Andererseits ganz nüchtern und fachlich, weil **echtes Spiel** eben voraussetzt, die Ausdrucksformen, die feinen Signale und die Bedeutung bestimmter Verhaltensweisen zu erkennen, richtig zu deuten und angemessen darauf zu reagieren. Damit sind wir wieder beim Thema Kommunikation und ihrer Bedeutung dafür, ob eine emotionale Verbundenheit – in dem Fall im und durch Sozialspiel – überhaupt entstehen kann.

Was hat das mit Unterwürfigkeit und aggressionshemmendem Verhalten des Hundes zu tun? In meinen Trainings verschaffe ich mir oft einen ersten Eindruck vom Mensch-Hund-Team, indem ich den Menschen bitte, einfach einmal mit seinem Vierbeiner zu spielen. Für mich ist das Spiel dann wie ein Diagnosewerkzeug, welches mir in wenigen Sekunden zeigt,

- › was der Mensch unter Spiel versteht,
- › wie bewusst sich der Mensch seiner eigenen Bewegungen und deren Wirkung auf den Hund ist,
- › wie gut der Mensch die Signale seines Hundes „lesen" kann und
- › wie der Mensch es versteht, sich seinem Hund so mitzuteilen, dass der Vierbeiner eine Chance auf Verstehen und Verstanden werden hat.

Die häufigsten Reaktionen der Hunde auf ein Spielangebot ihrer Menschen, denen kein Spielzeug oder Spielobjekt zur Verfügung steht, ist entweder massive

Im Spiel ohne Spielzeug zeigt sich, wie gut ein Mensch die Sprache des Hundes beherrscht. Mehr Vertrauen und Bindung ist dann kaum möglich.

Unterwürfigkeit oder extrem aggressionshemmendes Verhalten. Als Trainer glaube ich dem Vierbeiner, wenn er mir sagt, was er bei seinem Menschen sieht. Da kann der Mensch mir noch so häufig beteuern, dass er gerne mit seinem Tier spielen möchte. Das glaube ich ihm. Ich glaube aber auch dem Hund, der mir sagt, dass die Art und Weise, wie der Mensch sich als Spielpartner einbringt, aus seiner Sicht verwirrend, verstörend bis bedrohlich ist.

An dieser Stelle geht es wieder um Wahrnehmung und Interpretation, um zu verstehen, wie das heiligste in einer Beziehung – das gemeinsame Spiel – durch Fehldeutungen und eine ungenaue Wahrnehmung gefährdet oder zerstört wird. Deuten Sie das Verhalten Ihres Hundes auf Ihr Spielangebot hin als erwiderte Spielfreude, machen Sie ja immer weiter mit dem, was diese Reaktion bei ihm auslöst. Wenn nun aber Ihre Interpretation nichts mit der Wahrheit des Hundes zu tun hat, er sich durch Ihr vermeintliches Spiel bedrängt fühlt, möchte Ihr Vierbeiner Ihnen mitteilen, dass es so nicht geht! Er erwartet, dass Sie das verstehen und etwas ändern. Sie kommen aber gerade erst in Fahrt und machen weiter wie gehabt. Die Folge ist dann, dass der Hund im günstigsten Fall das „Spiel“ abbricht, im ungünstigsten Fall dazu übergeht, Sie zu maßregeln, damit endlich Ruhe einkehrt.

Die nächste Deutung lautet dann: „Mein Hund wird im Spiel aber ganz schön grob. Muss ich das zulassen, weil im Spiel ja alles erlaubt ist?“ Die Frage ist schon falsch gestellt. Im „Spiel“ dürften Sie das zulassen – aber: Im echten Spiel würde es allerdings gar nicht so weit kommen. Ihr Hund befindet sich aber gar nicht im Spiel, entsprechend hat sein Verhalten auch nichts mit Spiel und der darin erlaubten und angemessenen Spielaggression zu tun.

Was meinen Sie, welche Folgen dieses Missverständnis für das Vertrauen eines Hundes in seinen Menschen hat? Und wie viel Raum ist dann noch für eine Verbundenheit, die auf tiefem Verstehen und Verständnis basieren sollte?

Da Spiel in der Regel dynamisch und schnell ist, schaukelt sich das Ganze auch genauso schnell hoch. Das führt dann dazu, dass Menschen, die die Signale ihrer Hunde schon in der Normalgeschwindigkeit nicht erkennen oder richtig deuten, in der Geschwindigkeit des Spiels überhaupt keine Chance mehr haben, zu erkennen, geschweige denn, angemessen darauf zu reagieren. In dem Fall ist es zwar schade, das Spiel erst einmal aufzugeben, doch die Lücke lässt sich ja füllen – mit Beobachten, das eigene Auge schulen und sich immer wieder der komplexen Wechselwirkungen bewusst zu werden. Was Hunden und Menschen in dem Fall auch hilft, ist, ein Spielzeug dazuzunehmen!

Weitere Informationen zum Thema echtes Spiel finden Sie auf der hinteren Klappe des Buchumschlages. Möchten Sie noch tiefer in das Thema einsteigen? In meinem Buch über das Spielen mit Hunden erläutere ich ausführlich, wie echtes Spiel ganz praktisch möglich wird (siehe Buchtipps Seite 194).

① Roselie nimmt Kontakt zu Ihrer Halterin auf. Sie ist aufmerksam und zugewandt, zeigt durch Ohrenstellung und Mimik aber auch Zurückhaltung.

② Ihre Halterin erwidert den Blick, reagiert aber sonst nicht. Daraufhin legt die Hündin die Ohren nach hinten – hier ein Zeichen von Demut.

Sanktionierung des Hundes

Ganz offensichtliche Situationen, in der unterwürfiges und aggressionshemmendes Verhalten vom Hund gezeigt wird, sind die Momente, in denen der Mensch seinen Vierbeiner verbal bzw. körpersprachlich korrigiert oder „anspricht“. Wenn das genauso beabsichtigt ist, dann hat ein Hund mit dieser Form kein Problem. Er muss nur einen Zusammenhang zwischen seinem Verhalten und der darauffolgenden Korrektur oder Ansprache erkennen.

Schwieriger wird es für den Hund, wenn sein Mensch mit ihm kommuniziert, dabei aber nicht bemerkt, dass er mit seiner Körpersprache oder Körperbewegung etwas ausdrückt, was im Gegensatz zu dem steht, was er mit seinem Blick, seiner Mimik und dem gesprochenen Wort „sagt“. Der Hund muss nun zwei oder mehr Signale, die sich widersprechen, gegeneinander abwägen und sich dann für eine Reaktion entscheiden, die entweder beiden Aufforderungen oder nur einer von beiden gerecht wird.

Ein ganz typisches **Beispiel** ist der Rückruf. Hierfür greife ich noch einmal auf die Seite 65/66 geschilderte Situation zurück: Ein Mensch ruft seinen Hund mit dem Kommando „Hier“ zu sich. Er meint das nicht im Sinne einer Einladung an den Hund, sondern stellt an ihn eine verbindliche Aufforderung. Jedoch kommt er nicht gewünscht zurück. Warum? Verbal sagt der Mensch „Komm zu mir!“, mit seiner Körpersprache drückt er aber „Komm mir nicht zu nahe!“ aus. Das Kommando „Hier“ kennt der Hund aus dem Training und ist sogar bereit, es zu befolgen, die Körpersprache seines Halters unterbindet das aber.

Die Folge der beiden sich widersprechenden Signale des Halters wird dann im Verhalten des Hundes sichtbar. Typisch ist dafür, dass er sich viel Zeit lässt, sich überhaupt in Richtung seines Menschen zu orientieren. Wenn er es dann tut, muss er häufig beschwichtigen, indem er am Boden schnüffelt, die Bewegung abbricht und immer wieder zur Seite schaut. Je näher Hund und Mensch sich nun kommen und je häufiger der Mensch seinen Befehl wiederholt, desto schwerer wird es für den Hund, neutral in die Nähe des Zweibeiners zu treten: Er zeigt dann sehr deutliches unterwürfiges oder aggressionshemmendes Verhalten. Das kann sich in Bogenlaufen, Schnüffeln, Blick abwenden oder auch Stehenbleiben und Kratzen bis hin zu Fortlaufen zeigen. Wenn er Glück hat, nimmt der Mensch das, ohne es bewusst zu bemerken, einfach nur entgegen. Im ungünstigsten Fall deutet der Halter die Langsamkeit und das Schnüffeln des Hundes, welches der Aggressionshemmung dient, aber als dessen Unlust, auf den Befehl zu gehorchen. Dabei gehorcht der Hund, allerdings auf die Körpersprache, die das gesprochene Wort begleitet.

In unzähligen Videos, die auf diversen Videoplattformen im Internet zu finden sind, werden Szenen von Hunden gezeigt, die aus Sicht ihrer Halter „ein schlechtes Gewissen“ zeigen oder die beweisen, dass der Vierbeiner ein Bewusstsein dafür hat, etwas falsch gemacht zu haben. Da werden Hunde gefilmt, die beispielsweise in der Abwesenheit ihrer Menschen etwas zerstört oder geklaut haben und dann bei Rückkehr ihrer Zweibeiner „zur Rechenschaft gezogen werden“. Alle diese Hunde reagieren auf die Haltung ihrer Menschen, nicht auf den Zusammenhang mit ihrem Verhalten davor. Sie zeigen unterwürfiges und aggressionshemmendes Verhalten, weil ihr Mensch sich in dem Moment bedrohlich und aggressiv verhält. Mit dem „Fehler“, der aus Sicht des Hundes keiner ist, hat das überhaupt nichts zu tun.

Ich halte es für ausgesprochen unfair und arrogant, das eigene Unvermögen, die Signale seines Hundes richtig erkennen und deuten zu können, auch noch umzukehren und ihm eine Einsicht anzudichten, die seinen Fehler beweisen. Dabei tritt in solchen Momenten ganz alleine der Mensch den Beweis an, dass er seinen Hund nicht versteht – und oft auch keinerlei Bereitschaft zeigt, sich dieser Thematik zu stellen und daran etwas zu ändern.

Auf diese Form von emotionaler Verbundenheit, in der der Mensch seinen Hund und seine Not zur eigenen Belustigung und Selbstdarstellung benutzt, und das nicht einmal verwerflich findet, legen unsere Hunde keinen Wert. Ja, da bin ich zugegebener Weise wenig kompromissbereit – auch die Entschuldigung „Sie wissen es ja nicht besser“, lasse ich nicht gelten. Denn da macht man es sich in meinen Augen zu einfach.

An dieser Stelle möchte ich das Thema um einen Punkt erweitern, der mein Zusammenleben mit Hunden und auch meine Arbeit mit Menschen und ihren Vierbeinern bestimmt: Im Umgang mit Hunden drückt sich letztlich immer auch unsere Haltung Tieren – Haustieren wie auch sogenannten „Nutztieren“ – insgesamt gegenüber aus.

Gerade in der Welt der Hundehaltung kommt niemand um den sogenannten Tierschutz herum. Ob es sich dabei um Auslandstierschutz oder Tierschutz vor der eigenen Haustüre handelt, ist hier nebensächlich. Was für mich von Bedeutung ist, ist die Frage, ob Tierschutz alleine genügt. Wäre es nicht viel weitereichender für die Tiere, die unseren Schutz brauchen, wenn wir von Tierrecht sprechen?

Der Unterschied drückt sich für mich ganz praktisch aus: Ein Tier zu schützen bedeutet noch nicht, ihm Rechte zuzugestehen. Denken Sie nur an einen Straßenhund, der im Sinne des Tierschutzes gerettet wird. Hätte dieser Hund nicht vielleicht auch das Recht gehabt, genauso weiterleben zu dürfen?

Das gleiche gilt für mich in Bezug auf Training oder auch Berührung durch einen Menschen: Muss ein Hund nicht auch das Recht haben, „Nein“ zu sagen, wenn ein Mensch ihn anfassen oder sein Verhalten beeinflussen möchte?

Wir sollten unseren Hunden Glauben schenken, wenn sie uns mit ihrem aggressionshemmenden Verhalten zeigen, dass sie im Ausdruck und Verhalten ihres Menschen ein aggressives Verhalten sehen. Statt darüber zu diskutieren, ob das stimmt oder ob der Hund einen Grund dazu hat, würde es doch genügen, das eigene Verhalten zu reflektieren und sich darin schulen zu lassen, anders zu reagieren. Bis der Hund sagt, dass es nun gut ist und er keinen Grund mehr sieht, Aggressionen zu hemmen.

Aggression

Mit dem Wort „Aggression“ verbinden die meisten Menschen etwas Negatives. Dabei ist Aggression ein wesentlicher Bestandteil der Kommunikation – solange sie konstruktiv und nicht zerstörerisch eingesetzt wird.

Aggression und aggressives Verhalten bei Hunden zu erkennen ist relativ leicht. Selbst Menschen, die nichts von Hunden verstehen, erkennen, ob ein Vierbeiner freundlich gestimmt ist, oder ob er einem Menschen in einer drohenden Haltung begegnet. Die Reaktionen auf aggressives Verhalten wird in einem Gehirnareal gesteuert, welches reflexartig aktiv wird und sofort einen Handlungsimpuls auslöst: Schnappt beispielsweise ein Hund nach der Hand, dann wird diese im Reflex zurückgezogen. Knurrt ein Hund oder zeigt die Zähne, löst das automatisch ein Verhalten aus, mit dem Abstand aufrechterhalten oder vergrößert wird. Der gesamte Organismus ist in erhöhter Alarmbereitschaft sowie voll und ganz handlungsfähig.

Auf ganz offensichtliche Signale der Aggression reagieren wir also noch genauso, wie unsere Vorfahren im Anblick eines wilden Raubtieres. Da hatte man keine Zeit zu überlegen, da galt es, sich schnellstmöglich in Sicherheit zu bringen.

Ich verzichte darauf, diese offensichtlichen Signale aufzuzählen, denn die kennen Sie. Es gibt allerdings Signale aus dem Bereich der Aggression und des Aggressionsverhaltens, die auf den ersten Blick nicht als solche wahrgenommen werden. Das sind ganz feine und subtile Signale, mit denen Hunde potenzielle Sozialpartner oder Konkurrenten einschränken und kontrollieren.

Wir könnten es uns leicht machen und sagen: Drehen Sie alle Signale aus dem Bereich der Unterwürfigkeit ins Gegenteil um, dann haben Sie automatisch sämtliche Signale des Aggressionsverhaltens aufgelistet:

- Aus einer vorsichtigen Annäherung mit einem abgewandten Kopf und der Vermeidung von Blickkontakt wird eine selbstsichere, frontale Annäherung, bei der der Blick auf das Gegenüber gerichtet bleibt.
- Aus einer beschwichtigenden Geste wie dem Belecken der Hand oder des Gesichts wird eine fixierende und abwartende Geste, die den anderen dazu auffordert, das Feld zu räumen.

Die Kontaktaufnahme durch einen anderen wird beantwortet mit einer fast schon arrogant erscheinenden Haltung. Der Hund straft sein gegenüber mit Nichtbeachtung. Er nimmt ihn zur Kenntnis, würdigt ihm aber keine weitere Beachtung. Denn Beachtung verdient der, dem man Achtung entgegenzubringen hat.

Daher rührt der Ausspruch „Jemand genießt hohes Ansehen.“ Er wird von anderen (die unter ihm stehen und zu ihm hochschauen) am häufigsten angesehen.

Der Schlüssel zum Verständnis für Hundeverhalten liegt in der Wechselwirkung zwischen unterwürfigem und aggressivem Verhalten. Geben Sie die Bewertung in gut und schlecht, freundlich und böse mal komplett auf und nehmen Sie nur das Verhalten, welches hinter den beiden Begriffen steht, ganz nüchtern wahr.

Was bleibt dann? Auf der einen Seite ein Hund, der seine Stellung durch unterwürfiges Verhalten einnimmt. Auf der anderen Seite ein Artgenosse, der seine Stellung durch imponierendes und selbstsicheres Auftreten einnimmt. Das eine ist nicht besser oder schlechter als das andere. Für mich sind es zwei Seiten der gleichen Medaille, die für ein harmonisches und funktionierendes Miteinander gebraucht werden.

Die weiße Hündin versucht, dem schwarzen Artgenossen an den Lefzen zu lecken. Als Zeichen der Stärke wendet der den Blick ab. Die Rollen sind klar.

Die positive Bedeutung der Aggression

Der Begriff Aggression löst automatisch bestimmte Assoziationen in uns aus. Ich vermute, wenn Sie „aggressiver Hund“ lesen, kommen Ihnen erstmal Bilder von knurrenden, beißenden, angreifenden oder zähnefletschenden Tieren in den Sinn. Vielleicht schaltet sich dann der Verstand ein und Sie können die Bedeutung des Begriffs weiterfassen. Aber wird Aggression jemals zu etwas Normalem, geschweige denn zu etwas Erwünschtem, weil es ohne eben auch nicht geht? Eher nicht, oder?

Für das Zusammenleben in Gruppen wird Aggression in seiner positiven Bedeutung aber gebraucht. Wie soll eine Gruppe funktionieren, ohne dass ein einzelner oder ein Teil der Gruppe ihre Entscheidung durchsetzt? Wichtig ist dann nur, dass diese Entscheidung der Gruppe dient! Das ist in menschlichen Gruppen leider seltener der Fall, unter Hunden ist das die Normalität. Nicht nur in dieser Hinsicht können wir eine Menge von unseren Vierbeinern lernen.

Welche positive Bedeutung hat Aggression aus Sicht der Hunde und wie zeigen sie dieses Verhalten noch?

Im positiven Sinne ist Aggression für alles verantwortlich, was mit dem eigenen Überleben zu tun hat. Nur durch die Bereitschaft zur Aggression gibt es einen sicheren Raum und eine soziale Struktur in einer Gemeinschaft mit mehreren Mitgliedern.

Die Frage ist nicht, ob Aggression geduldet wird, sondern in welcher Weise sie eingesetzt wird – das zeigt sich dann im Verhalten – und wozu sie in der jeweiligen Situation dient. Die tatsächliche Absicht in der Welt der Hunde ist, aufkommende Konflikte vor einer möglichen Eskalation wie einem Kampf abzuschwächen oder lange im Vorfeld überhaupt nicht aufkommen zu lassen.

In dem Sinne schafft Aggression Regeln und sichert die Ordnung. Mit Blick auf die wahren Bedürfnisse unserer Hunde gäbe es ohne Aggression keine Möglichkeit, diese Bedürfnisse zu befriedigen.

OHNE AGGRESSION GEHT ES NICHT

Nur durch die Bereitschaft zur Aggression gibt es einen sicheren Raum und eine soziale Struktur in einer Gemeinschaft. Aggression schafft Regeln und sichert die Ordnung.

Ich treffe mal eine Unterscheidung und Sie schauen, ob es für Sie dadurch leichter wird, diese andere Sichtweise mitzutragen.

Aggressive Kommunikation versus aggressives Verhalten

In meinen Trainerausbildungen unterscheide ich zwischen aggressiver Kommunikation und aggressivem Verhalten. Ich habe keine Ahnung, ob das auf einer verhaltensbiologischen Theorie basiert oder einfach nur eine hilfreiche Erklärung ist, die aus meiner eigenen Erfahrung und Überzeugung entsprungen ist. Sollte ich eine existierende Theorie erklären, die ich nicht kenne, bitte ich um Nachsicht, dass ich die Quelle – sofern es eine gibt – nicht nennen kann.

Mit **aggressiver Kommunikation** ist das gemeint, was in den Bereich der **„angemessenen" Aggression** gehört, also sowohl Signale als auch kurze Verhaltenssequenzen.

Deutlicher wird es sicher mit folgendem **Beispiel**: Zwei Hunde begegnen sich auf einem Weg, sie nähern sich aufrecht und selbstsicher dem jeweils anderen an. Die Situation wirkt angespannt, die Spannung ist auch in den Bewegungen und der Körperhaltung beider Hunde sichtbar. Mit erhobenem Kopf und aufrechter Rute umkreisen und taxieren sie sich. Je länger der Kontakt besteht, desto offensichtlicher wird das Droh- und Imponiergehabe. Ein leises Knurren ist zu hören, die Zähne werden entblößt, der Nasenrücken kräuselt sich – niemand ist bereit, klein beizugeben. Dann eskaliert die Situation: Beide Hunde gehen sich kurz körperlich an, um dann den dadurch entstehenden Abstand zu nutzen, den Kontakt zu beenden.

Das ist eine typische Situation der aggressiven Kommunikation. Was wäre im gleichen Beispiel nun aggressives Verhalten?

Aggressives Verhalten folgt keiner gemeinsamen Regel und Absprache. Wenn ein Hund nicht mehr aggressiv kommuniziert, sondern sofort aggressives Verhalten einsetzt, dann ist er nicht darauf aus, gemeinsam mit dem anderen eine Klärung des Konflikts zu finden. Für diesen Hund zählt dann nur das eigene Interesse. Dieses Interesse besteht dann vielleicht daraus, einfach nur die eigene Unversehrtheit sicherzustellen, indem man den anderen verkloppt oder vertreibt. Ob dieser überhaupt eine Gefahr darstellt oder nicht, ist dann nicht mehr wichtig.

Übertragen auf obiges Beispiel, heißt das: Der aggressive Hund geht schon im Vorfeld davon aus, dass aggressives Verhalten wie ein Angriff die einzig funktionierende Strategie ist, das eigene Interesse durchzusetzen. Dieser Hund kommt dann weder auf die Idee, die Sache „auszudiskutieren" noch darauf, selbst zu gehen. Für ihn ist klar, der andere muss weichen.

Aggressive Kommunikation ist in diesem Sinne Ausdruck von **Kompetenz und Besonnenheit**. **Aggressives Verhalten** zeigt, wie **hilflos und unsicher** ein Hund in Wirklichkeit ist.

Im Alltag wird Hunden, die sich in diesem Sinne aggressiv verhalten aber unterstellt, sie wollen andere dominieren oder beherrschen. Das ist nicht richtig. Diese Hunde verlieren eher sehr schnell die Fassung und zeigen damit, dass sie selbst gar nicht in der Lage sind, andere zu führen und sich stattdessen eher wünschen, jemanden zu finden, der sie führt. Im Idealfall ist das ihr eigener Mensch oder auch ein anderer Hund in der eigenen Gruppe.

Nach diesem doch etwas intensiveren Ausflug in die Welt der Aggression unserer Vierbeiner bleibt die Frage, welche Bedeutung aggressive Kommunikation im Zusammenleben von Hunden und Menschen hat. Dafür müssen wir genauer hinschauen und Signale und Verhaltensmuster der Aggression zuordnen, die Sie dort nie vermutet hätten.

Nehmen wir mal die folgenden beiden wahren Bedürfnisse als Ausgangspunkt: der sichere Raum (siehe Seite 37) und eine verlässliche Partnerschaft (siehe Seite 46), mit der damit verbundenen Rollen- und Aufgabenverteilung.

Wie zeigen sich Aggression und Ordnung?

Hunde verhalten sich immer so, dass daraus eine bestehende Ordnung erhalten bleibt oder eine neue Ordnung resultiert. Diesem Verhalten und der darin enthaltenen Kommunikation liegt eben auch Aggression zugrunde.

Raum einnehmen und sichern

Wenn ein Hund beispielsweise nach dem Klingeln an der Haustüre nach vorne in Richtung Eingang stürmt, könnte man meinen, dieses Verhalten gilt dem Besucher vor der Türe. Tatsächlich gilt es dem Raum zwischen Liegeplatz und Besucher. Der Hund nimmt erst einmal „nur" den Raum ein und zeigt damit, dass er bereit ist, mit seinem Verhalten einen sicheren Raum zu schaffen. Ob das dann mit aggressivem oder unterwürfigem Verhalten erfolgt, hängt vom Charakter des Hundes, seiner Lernerfahrungen und seinem Lebensumfeld inklusive Sozialpartner ab.

Raum einnehmen und **sichern** ist also im positiven Sinne Ausdruck einer Aggression bzw. zumindest einer Aggressionsbereitschaft. Welches Verhalten in letzter Konsequenz daraus resultiert, ist ein neues Thema. Spannend ist aber doch die Frage: Warum lässt man einen Hund, der sich vermeintlich über Besucher „freut", zur Türe, einen anderen, der Besucher bedroht oder zumindest ihnen

Das Bellen des Hundes bei Besuch kann Zeichen einer territorialen Aggression sein. In den meisten Fällen ist es aber die Folge von Stress.

aggressiv begegnet, nicht? Das Problem der beiden Hunde ist das gleiche, es wird nur bei dem einen Vierbeiner im Verhalten nicht als Problem sichtbar.

Der aggressive Hund wird als „Problem" wahrgenommen, weil es für den Besucher schmerzhaft werden könnte, wenn man den Vierbeiner zu ihm hinließe. Damit *wird* der Hund mit seinem Verhalten *zum Problem*. Tatsächlich *hat* der Hund aber *ein Problem* mit dem Raum und der damit verbundenen Verantwortung. Sein aggressives Verhalten hat seinen Ursprung im Raum, der ihm übertragen wurde. Vermutlich schon lange, bevor es klingelt.

Bleiben wir bei dem **Beispiel** des Besuchs an der Haustüre: Die Tür öffnet sich und der Hund kann den Menschen im Eingang nun sehen. Jetzt tritt der Raum in den Hintergrund und der Kontakt zum potenziellen Partner oder Konkurrenten in den Vordergrund. Der Hund ist nun in seinem Verhalten einmal abhängig von der Haltung, dem Auftreten und der Reaktion des Besuchers, gleichzeitig aber auch von dem seines Menschen. Denn er erwartet nun zweierlei:

1. Der Besucher soll sich angemessen und anständig benehmen.
2. Sein eigener Mensch soll die Situation erfassen und entsprechende Konsequenzen ziehen.

Auf beides können viele Hunde leider nur vergebens hoffen, deshalb nehmen sie die Entscheidung darüber, was als nächstes geschieht, ja auch selbst in die Hand. Der eine „freundlich“, der andere „böse“. Beide mit der Absicht, die Ordnung zu sichern oder herzustellen.

Wenn die Lösung eines Hundes jetzt in aggressiver Kommunikation oder aggressivem Verhalten liegt, dann liegt es auf der Hand, was zu tun ist, um das im Miteinander zu ändern. Sehr vereinfacht heißt das nämlich: Wenn Ihr Vierbeiner gezwungen ist, sich aggressiv zu verhalten, dann weist das gleichzeitig darauf hin, dass Sie als Halter sich aus seiner Sicht nicht ausreichend aggressiv zeigen. Damit ist nicht gemeint, dass Sie Ihren Hund nun bestrafen oder maßregeln müssen. Das ist eine Vorstellung von Aggression, die mehr die Bedeutung von impulsiver körperlicher Gewalt besitzt und deshalb nichts mit dem zu tun hat, was ich meine. Um zu verstehen, wie Sie Aggression im konstruktiven Sinne verwenden und damit Ihrem Hund Sicherheit geben, statt Angst bei ihm zu entwickeln, hilft ein Blick auf die völlig außer Acht gelassenen, sehr feinen und subtilen Signale und Zeichen von Aggression, wie Hunde sie verwenden.

Bewegung und Ordnung

Ich übertreibe jetzt ein wenig – aber wirklich nur ein wenig! –, wenn ich sage: Die Bewegung eines Hundes tritt nie ohne Grund auf. Alles dient einem **zentralen Ziel: Ordnung**. Dabei spielt die Absicht der Bewegung natürlich eine wichtige Rolle.

Wenn sich ein Vierbeiner frei in der Wohnung, im Haus oder im Garten bewegt, dann kann alleine in dieser scheinbar unbedeutenden Bewegung die Absicht stecken, den Raum vorsorglich zu kontrollieren und damit sicherer zu machen. Die Bewegung dient also der Erkundung und schafft die Basis für eine Reaktion, sollte sie nötig werden.

Die tatsächliche Absicht, den Raum einzunehmen und damit die Kontrolle darüber zu erlangen, wird natürlich nur dann ersichtlich, wenn der Hund auf einen Reiz oder eine Veränderung reagiert. Das kann das Auto eines Familienmitglieds sein, das gerade vorgefahren ist oder die Stimmen des Nachbarn oder ein Geräusch im Treppenhaus oder Ähnliches.

Aber auch die Bewegung des eigenen Menschen kann ein Auslöser für Aggression sein. Wenn dem Menschen nun auffällt, dass ihm sein Vierbeiner beispielsweise in Haus oder Wohnung auf Schritt und Tritt hinterherläuft und gleichzeitig Probleme mit dem Alleinebleiben hat, dann nehme ich jede Bewegung des Hundes genau unter die Lupe und frage mich, ob sie beiläufig gezeigt wird oder eine strategische Bedeutung hat, die aber erst im Zusammenhang mit anderen Verhaltensweisen Sinn ergibt.

Vielleicht erscheint Ihnen das jetzt wie Erbsenzählerei und es entsteht der Eindruck, als dürften Hunde bei mir keinen Schritt ohne Überwachung tun. Keine Sorge, meine Hunde dürfen sich frei bewegen und ich analysiere nicht jeden Wimpernschlag und jedes Verhalten. Ich kenne aber auch meine „üblichen Verdächtigen“ und weiß, wie die Dinge zusammenhängen. Wenn mir auffällt, dass eine scheinbar belanglose Bewegung im größeren Zusammenhang eine sehr ernste Bedeutung hat, reagiere ich darauf. Ich habe die Verantwortung, meinen Hunden zu signalisieren, dass ich sehe, was sie sehen. Und ich reagiere so, dass sie sich auf mich verlassen können und nicht auf alles reagieren müssen. Weder im Haus noch im Garten noch auf der Gassirunde.

Am deutlichsten wird das leider immer erst in Situationen, in denen der Mensch sich wünscht, das Verhalten seines Hundes beeinflussen zu können: Wenn dieser zur Haustüre oder an den Gartenzaun stürmt, Besucher bedrängt, auf jedes Geräusch mit Bellen reagiert oder andere Verhaltensweisen, die Menschen als störend oder lustig empfinden.

Wenn Sie die Bewegung Ihres Vierbeiners kontrollieren wollen, mit der er auf einen offensichtlichen Reiz wie die Türklingel oder den Nachbarshund reagiert, dann sollten Sie damit beginnen, wahrzunehmen, wie oft er sich bewegt, ohne dass Sie einen offensichtlichen Grund dafür erkennen können. Sobald Sie in den scheinbar unbedeutenden Bewegungen Ihres Hundes eine tiefere Absicht erkennen, verändert sich auch Ihre Reaktion darauf. Das wiederum nimmt er wahr und kann sich zukünftig viel mehr entspannen und einfach liegen bleiben.

Bewegung einschränken

Hunde bewegen sich nicht einfach so in der „Gegend herum“. Sehr häufig haben ihre Bewegungen immer auch die Absicht, die Bewegungsfreiheit anderer einzuschränken. Das kann auf unterschiedlich deutliche Art erfolgen, wie ich in folgenden Beispielen zeige.

Situation 1: Sie sitzen auf dem Sofa und Ihr Hund legt sich davor, vor Ihre Füße. Das kann Zufall, oder es kann aber auch seine Art sein, Ihnen zu zeigen, dass Sie sich nur mit seinem Einverständnis erheben und frei bewegen dürfen.

Das wird spätestens dann sichtbar, wenn er dieses Verhalten auch bei Besuchern zeigt und immer dann aufsteht, wenn diese auch ihren Platz verlassen. Die gesteigerte Form davon ist, dass Besucher aggressiv daran gehindert werden, sich frei in der Wohnung zu bewegen, indem der Hund sie anbellt, sich frontal vor sie stellt oder sogar in die Füße zwickt. Spätestens jetzt gibt es keine Diskussion mehr darüber, ob der Hund sich aggressiv verhält. Das hat er zwar schon vorher

getan, nur hat es niemand bemerkt. Er hat ja schließlich nicht gebissen.
Situation 2: Sie verlassen den Raum, um zur Toilette zu gehen. Bei Ihrer Rückkehr empfängt Ihr Hund sie frei im Raum stehend oder indem er sich frontal auf Sie zubewegt und Sie zum Anhalten oder zum Ausweichen zwingt. Sie sehen vielleicht seine Freude darüber, dass Sie unversehrt aus dem Bad entkommen sind und begrüßen ihn freundlich. Er vermittelt Ihnen in dem Moment jedoch, dass Sie sich sicher sein können, dass er den Raum und alles darin befindliche – inklusive Ihnen – unter Kontrolle hat und behalten wird.
Situation 3: Sie sitzen auf einem Stuhl oder Sessel und Ihr Hund nähert sich Ihnen an. Nach der Begrüßung stellt oder setzt er sich seitlich neben oder vor Sie. Sie streicheln natürlich weiter, und er schränkt damit Ihren Bewegungsfreiraum ein.

Wenn ich mit Haltern arbeite, die auch Erfahrung im Umgang mit Pferden haben, dann frage ich sie, wie sie auf Ihr Pferd reagieren würden, wenn dieses sich genauso verhalten würde wie ihr Hund das tut. Die Antwort ist immer die gleiche: „Dazu kommt es erst gar nicht, ich würde ja schon im Vorfeld mehr Respekt erwarten.“ Aha, und beim Hund? Nur, weil sich 25 Kilogramm besser zur Seite schieben lassen als 600 ist das noch keine Legitimation, lascher mit diesen Verhaltensweisen umzugehen.

Das Begrüßen von Gästen wird oft für Freude gehalten. Dabei geht es dem Hund aber um etwas völlig anderes: Ordnung und Struktur.

Strategische Plätze einnehmen

Sowohl im Haus oder in der Wohnung als auch im Garten und auf den Gassirunden sind Hunde wahre Meister im Erstellen von Ordnung, indem sie sich strategisch und vorausschauend verhalten.

Hunde wählen beispielsweise **Liegeplätze** so, dass sie sich sicher fühlen oder zur Sicherheit der anderen beitragen. Überlassen Sie Ihrem Vierbeiner die Wahl des Liegeplatzes, dann überprüfen Sie bitte, ob sich sein Lieblingsplatz in einer geschützten Zone im Haus oder der Wohnung befindet, oder ob er eher die Nähe zu strategischen Plätzen wie Durch- oder Ein- bzw. Ausgängen sucht.

Je weiter ein Hund freiwillig einen Liegeplatz abseits dieser strategischen Plätzen wählt, desto weniger will er mit der Verantwortung für den Raum und der Gruppe zu tun haben. Umgekehrt heißt das: Je mehr ein Hund darauf besteht, eben genau diese Plätze einzunehmen, desto weniger sicher ist er sich, ob Sie für die Sicherheit und Ordnung des Raumes und der Gruppe sorgen können.

Oft macht es mehr Sinn, in einem Training mit tatsächlich aggressiv agierenden Hunden die Ordnung zu Hause zu überprüfen, bevor man nach einem Weg sucht, wie man ohne Getöse an einem anderen Hund vorbeikommt. Denn die eigentliche Aggression beginnt bereits in den eigenen vier Wänden. Unmerklich, aber sie ist da.

Viele Hunde haben für die Wahl ihres Liegeplatzes einen Grund: Sie sichern damit den Raum, weil niemand anderes das tut.

Manipulierende Verhaltensweisen

Mit dem Verständnis für die Bedeutung von „Raum einnehmen und sichern" erscheinen viele Verhaltensweisen plötzlich in einem anderen Licht. Ich bezeichne diese als manipulierende Verhaltensweisen, wobei auch das eine Erklärung braucht.

„Manipulation" – das klingt schon so negativ wertend. Kaum jemand verbindet mit Manipulation etwas Positives. Am ehesten noch derjenige, der manipuliert. Was aber immer im Zusammenhang mit Manipulation grundsätzlich positiv zu sehen ist, ist die **Absicht dahinter**.

Wenn ein Hund einen Menschen manipuliert, dann kann man das situativ als respektlos, egoistisch oder auch dominant bezeichnen. Schaue ich aber über die Situation hinaus, in der das manipulierende Verhalten gezeigt wird, dann dient es vielleicht auch nur dazu, wieder eines der wahren Bedürfnisse zu stillen. Das wird aber erst offensichtlich, wenn man bereit ist, über den Moment hinaus verstehen zu wollen, was der Hund mit seinem Verhalten mitteilt.

Wörtlich übersetzt bedeutet Manipulation ja sinngemäß „mit den Händen ziehen". Im übertragenen Sinne ist damit gemeint, jemanden zu etwas zu bewegen. Der Hund erwartet also auf seine Manipulation hin eine Reaktion von Ihnen.

Ein Beispiel: Sie sitzen auf unserer schon bekannten Couch, Ihr Hund nähert sich an und legt seinen Kopf auf Ihr Bein. Sie deuten das als Frage „Darf ich hoch?“ oder als Aufforderung „Los, streichele mich!“. Ihre Reaktion auf dieses Verhalten fällt je nach Wahrnehmung und

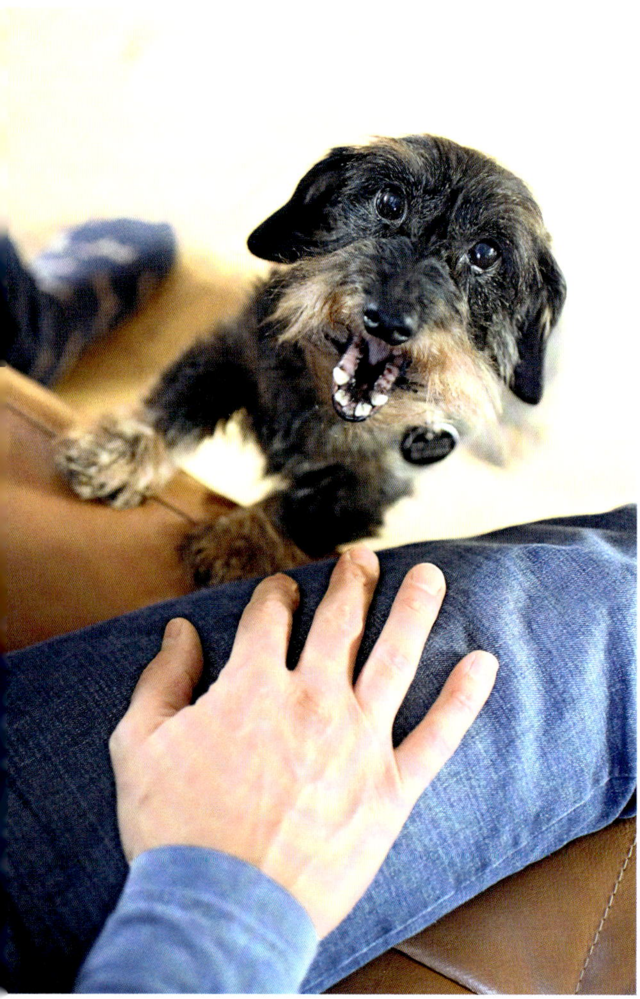

Manchmal wäre es besser, dem Charme des Hundes zu widerstehen. In anderen Fällen ist es gar nicht von Bedeutung, wo ein Hund liegen möchte.

Bewertung der Situation sehr unterschiedlich aus.

Sie können dem Blick nicht widerstehen und laden ihn zu sich aufs Sofa ein oder Sie streicheln ihn schon beim Kopfauflegen. Vielleicht schießt Ihnen aber auch durch den Kopf, dass Ihr Vierbeiner Sie gerade manipuliert und Sie haben in der Hundeschule gelernt, dass nur Sie bestimmen, wann er aufs Sofa darf oder wann Sie ihn streicheln dürfen.

Jetzt wägen Sie ab – dem Hund nachgeben und sich damit manipulieren lassen oder standhaft bleiben und den Manipulationsversuch abwehren. Mit dem daraus resultierenden schlechten Gewissen, welches Sie dann an anderer Stelle wiedergutzumachen versuchen.

Was aber, wenn der Hund mit seinem Verhalten etwas ganz anderes beabsichtigt? Wenn er Sie zum Beispiel lediglich dazu „manipulieren“, also zu etwas bringen will, um sein Bedürfnis nach Ordnung ernst zu nehmen? Wenn dem so sein sollte, dann müssten Sie sich die Fragen von oben ja gar nicht stellen. Die wichtigsten zwei Fragen lauten dann:

Welche Botschaft steckt hinter dem manipulierenden Verhalten? Und was sagt das über mich selbst aus, wenn ich

a) mich manipulieren lasse (unabhängig davon, ob Sie das bewusst mitbekommen oder nicht) oder
b) ein schlechtes Gewissen dabei habe, der Manipulation Einhalt zu gebieten?

Ich sehe in dem, was Menschen als manipulierendes Verhalten eines Vierbeiners bezeichnen, keinen Ausdruck von Dominanz oder Egoismus. Natürlich kann sich ein erfolgreicher Manipulationsversuch negativ auf das Zusammenleben von

Mensch und Hund auswirken. Das heißt aber nicht, dass der Hund diese Absicht hatte.

Es gehören ja immer zwei dazu: Einer, der manipuliert, und ein zweiter, der sich manipulieren lässt. In Verbindung mit unserem Thema Aggression sehe ich in manipulierendem Verhalten des Hundes natürlich eine Form des aggressiven Verhaltens. Diese Wertung dient aber nicht dazu, dem Hund für manipulierende Verhaltensweisen einen „auf den Deckel" zu geben, sondern Ihnen! Das aber auch nur, um Sie wachzurütteln und damit Sie erkennen, dass das aus Sicht der Hunde alles andere als lustig und süß ist.

Im Folgenden stelle ich Ihnen **typische Alltagssituationen** vor, in denen **Aggression als manipulierendes Verhalten** sichtbar wird, und dazu die möglichen naiven Deutungen der Menschen:

- Kopfauflegen: Der Hund möchte gestreichelt werden.
- Sich quer vor den Menschen stellen: Der Hund sucht Nähe und Kontakt zum Menschen.
- Futterbetteln durch Pfote geben.
- Hin- und Herlaufen zwischen Mensch und Balkontüre: Vielleicht muss er mal ...
- Winseln oder Anbellen: Dem Hund ist langweilig, er will Aufmerksamkeit oder Beschäftigung.
- Intensiver Blickkontakt direkt in die Augen: Wie aufmerksam mein Hund ist!
- Hohe Bewegungsenergie zu Beginn des Spaziergangs oder im Kofferraum, wenn das Auto hält: Der Hund kann es kaum erwarten, aussteigen und rennen zu dürfen.

Ich sehe in all diesen Verhaltensmustern entweder einen Hilferuf unserer Hunde oder ein Zeichen dafür, dass grundlegende Kommunikations- und Verhaltensregeln auf Seiten des Menschen den Hunden gegenüber missachtet werden oder wurden. Durch diese Verhaltensweisen werden außerdem Konflikte sichtbar, die man ohne das Verständnis für die größeren Zusammenhänge der Art, wie Hunde kommunizieren, nie für solche gehalten hätte.

Das einzige, wozu ein Hund seinen Menschen wirklich „manipulieren" will ist, genauer verstehen zu lernen, wie sie sich mitteilen und vor allem, *was* sie dabei von sich preisgeben.

Für mich ist die schlimmste Form von Manipulation eher auf der Seite der Menschen zu finden, die ihre Hunde zu einem Verhalten zwingen, das sie von sich aus so niemals zeigen würden. Damit meine ich nicht Tricks oder die Folgen von gutem, auf Spiel basierendem Training. Ich rede davon, dass Hunde in ihrer natürlichen Ausdrucksweise nicht geachtet werden, und dass Verhaltensweisen, die in deren Welt eine klare Bedeutung haben, von Menschen zu ihren eigenen Gunsten umgedeutet werden. Ein Hund, der seinen Kopf auf mein Bein legt, will nicht zwangsläufig immer gestreichelt werden. *Der Mensch* will *ihn* dann streicheln. Das sind zwei unterschiedliche Paar Schuhe.

Habe ich Sie mit diesem Text nachdenklich gemacht? Dann habe ich genau das erreicht, was ich beabsichtigt habe. Erinnern Sie sich noch an die beiden Punkte, die wir unseren Hunden gegenüber gewährleisten müssen, wenn wir unsere Beziehung zu ihnen verändern,

Sofa oder Schoß – Ja oder Nein? Nähe kann einfach ein Zeichen für eine gute Bindung und Vertrauen sein. Aber eben auch etwas völlig anderes …

sprich, ihnen *richtig zuhören* wollen? Sie lauten: 1. Wir müssen uns von einem Teil unserer Sichtweisen verabschieden.
2. Wir müssen bereit sein, uns mehr als bisher auf die Welt der Hunde einzulassen (siehe Seite 28).

Allein schon durch die Tatsache, dass Sie ab jetzt das Verhalten Ihres Vierbeiners mit ganz anderen Augen sehen und sicher immer wieder Ihr eigenes infrage stellen, sind Sie dabei, diese beiden Punkte mit Leben zu füllen und Ihrem „Reiseziel" ein gutes Stück nähergekommen.

Vielleicht verändert sich auch während der Lektüre Ihr Ziel. Möglicherweise sind Ihnen schon ein paar Zusammenhänge bewusst geworden, die Ihnen zeigen, wo Sie zwischen sich und Ihrem Hund Veränderungsbedarf sehen, oder dass Sie Ihre Beziehung grundlegend neu gestalten möchten.

Ihr Interesse an der Welt und der „Sprache" unserer Hunde ist schon einmal eine gute Motivation, also lassen Sie uns noch ein paar weitere Bereiche genauer anschauen.

Stresssignale und -verhalten

Wenn Hunde Stress haben, dann ist das nicht immer auf den ersten Blick erkennbar. Ein genauer Blick auf die Stresssignale ist wichtig, um frühzeitig eine mögliche Überforderung zu erkennen.

In dieser Gruppe von Signalen und Verhaltensweisen mit Mitteilungsfunktion sind die Folgen einer falschen Interpretation von Ausdruck und Verhalten unserer Hunde durch uns Menschen am gravierendsten. Hier ist Ihre Bereitschaft gefragt, alles einmal umzudenken und Hundeverhalten mit einer ganz anderen Brille wahrzunehmen.

Die Auswirkungen von Missverständnissen und Konflikten äußern sich nicht nur bei uns Zweibeinern, sondern auch bei Hunden und anderen Lebewesen in Form von Stress. Dieser führt in der Regel schnell dazu, dass ein Hund keinen bewussten Zugriff mehr auf seine Entscheidungen und damit auf sein Verhalten hat. Gleichzeitig ist die Fähigkeit, ein neues Verhalten zu erlernen, oft so weit blockiert, dass ein Training oder eine Korrektur des Verhaltens überhaupt keinen Sinn macht. Das liegt daran, dass **Hormone und Neurotransmitter** die Weiterleitung von Informationen im Körper und damit die Wahrnehmung und das Verhalten des Hundes stark beeinflussen. Ziel sollte es darum sein, erst einmal den Stress zu minimieren und zu warten, bis der Körper wieder „normal tickt". Diese Form des **negativen** Stresses nennt man auch **Disstress**. Den Disstress sollte man sich und seinem Vierbeiner unbedingt ersparen, denn er führt immer wieder in eine Sackgasse.

Das heißt aber nicht, dass Stress grundsätzlich etwas Schlechtes sein muss. Wenn ein Hund oder auch ein Mensch etwas Neues lernen will (oder muss) und dadurch gezwungen ist, seine Komfortzone zu verlassen und liebgewonnene Gewohnheiten abzulegen, dann erzeugt das auch Stress – dieser ist jedoch **positiv**. Denn diese zweite Form, der sogenannte **Eustress**, ist eine völlig normale und **hirnphysiologisch notwendige Stressform**, ohne die Lernen von Neuem überhaupt nicht möglich wäre. Der Eustress gehört ganz einfach zum Lernen und somit zu einer Veränderung dazu – den müssen Sie sich und Ihrem Hund zumuten.

EUSTRESS ODER DISSTRESS?

Eustress, positiver Stress: Hirnphysiologisch notwendige Stressform, ohne die Verhaltensänderungen und Lernen von Neuem nicht möglich wären.

Disstress, negativer Stress: Hormone und Neurotransmitter verhindern eine bewusste Entscheidung für oder gegen ein bestimmtes Verhalten. Die Aufmerksamkeit ist gestört und Lernen ist nicht mehr möglich.

Entscheidend im Umgang mit Stress und einem Hund, der Stresssignale zeigt, ist nur, erkennen zu können, in welchem Bereich der Hund sich befindet. Damit sind wir wieder bei Ihrem Einfühlungsvermögen und der Kompetenz, die emotionale Verfassung Ihres Vierbeiners bewusst wahrnehmen zu können – und zu sehen bzw. fühlen *zu können*!

In diesem Kapitel erläutere ich Ihnen zunächst, wie sich Stress äußert und wodurch er entstehen kann. Ein großer Wunsch von mir ist natürlich, dass Sie sich und Ihrem Hund in Zukunft unnötigen Stress ersparen. Darum geht es dann in den nächsten beiden Hauptkapiteln.

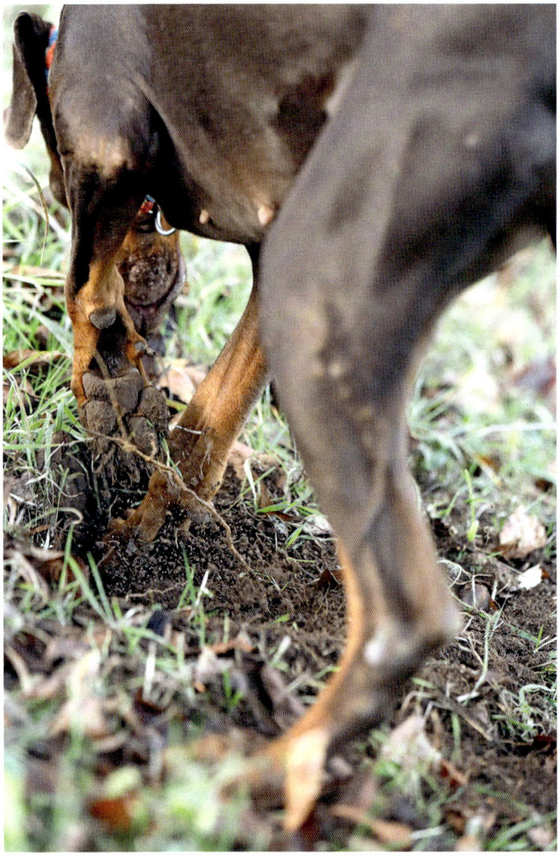

Für den einen Hund ist Buddeln eine Leidenschaft, für andere ein Ventil gegen ihren Stress. Finden Sie heraus, was es bei Ihrem Vierbeiner ist!

Wie zeigt sich Stress?

Zum Thema Stress bei Hunden gibt es eine Vielzahl guter Bücher, die sich nur damit befassen. Sehr empfehlenswert finde ich Titel, die in einfacher Sprache beschreiben, wie Stress im Körper entsteht und wie er sich körperlich und psychisch auf Hunde auswirkt (siehe Seite 194). Da ich im Folgenden darauf verzichte, die Zusammenhänge durch physiologisches und medizinisches Wissen zu belegen, kann ein solches Fachwissen aus Sekundärliteratur Sie dabei unterstützen, die Zusammenhänge zu verstehen, ist aber nicht zwingend erforderlich. Mir ist nämlich eines viel wichtiger: Ihnen zu einem tiefen Verständnis für Ihren Vierbeiner zu verhelfen, das vor allem auf Beobachtungsgabe und Empathiefähigkeit, statt auf wissenschaftlich basierten Zusammenhängen, beruht.

Die folgenden Ausführungen erscheinen den Profis und Trainerkollegen unter den Lesern vielleicht als zu vereinfacht und oberflächlich. Ja stimmt, das Thema verdient definitiv mehr Tiefe – allerdings in emotionaler, nicht in fachsprachlicher Hinsicht. Darum: Dieses Buch dient dem Verstehen der Hunde und nicht der Fachsimpelei, wie etwa auf einer Fachtagung.

Verschaffen wir uns also nun einen Überblick darüber, wie sich Disstress ganz verallgemeinert zeigt und was ihn begünstigt.

Körperliche Anzeichen von Stress

- Unaufhörliches oder schnell einsetzendes Hecheln, welches nicht der Temperaturregulierung dient
- Leises Fiepen und Winseln bis hin zu durchgehendem Bellen
- Tiefes, schweres Atmen ohne körperliche Anstrengung im Vorfeld
- Starker Speichelfluss
- Unfähigkeit zu schlafen, trotz Erschöpfung und Müdigkeit
- Häufige, oft auch wechselnde Krankheiten; kaum ist die eine behandelt, taucht die nächste auf
- Störungen des Hormonhaushalts, z.B. Schilddrüse, Nieren, Bauchspeicheldrüse
- Stumpfes, oft auch stinkendes Fell
- Hautschuppen, die auf dem Fell sichtbar sind
- Starker Fellverlust
- Verminderter, aber auch stark gesteigerter Appetit
- Auffälliger Durst

Verhaltensmuster, die auf Stress hindeuten

- Auffallend gesteigerter Bewegungsdrang
- Impulsive Reaktion auf vermeintlich unwichtige oder harmlose Reize
- Hohe Reaktionsfreude in der Arbeit, wie gesteigerter Beute- und Objekttrieb, aber auch Futtergier bei Beschäftigung
- Permanente Suche nach Beschäftigung
- Verfolgungsdrang im Haus bzw. in der Wohnung; der Hund läuft seinem Menschen ständig hinterher
- Kauen auf Gegenständen bis hin zu Zerstörungswut
- Allgemein hohes Energielevel mit unterschiedlichen Folgen:
  - Auffällig intensives Buddeln auf der Wiese
  - Ständiger Drang, andere zum „Spiel“ zu animieren
  - Rennen auf einer Wiese ohne ersichtlichen Grund
  - Attackieren bis hin zu Beißen von Artgenossen oder Menschen aus heiterem Himmel
  - Sehr hohe Affinität für alles, was mit Wild und Jagd zu tun hat
  - Verfolgen von Joggern und Radfahrern
  - Anspringen oder Anbellen von Passanten und/oder Besuchern

Weil in den obigen Verhaltensweisen ein unglaubliches Potenzial für ein tieferes Verständnis für die Befindlichkeiten unserer Hunde liegt, möchte ich mich darauf konzentrieren. Die körperlichen Anzeichen sollten und müssen eventuell sogar mit einem Tierarzt oder -heilpraktiker besprochen und gegebenenfalls behandelt werden.

Wenn Sie jetzt den Eindruck haben, dass auf Grundlage meiner Aufzählung der überwiegende Teil der Hunde, die Sie kennen oder treffen, regelmäßig oder durchgehend unter Stress leiden, dann haben Sie eines der Hauptprobleme unserer Hunde erfasst. Das viel größere Problem besteht aber darin, dass der Großteil der Hundehalter diese Zeichen von Stress nicht (er-)kennen, nicht ernst nehmen oder völlig falsch deuten.

Stellen Sie sich vor, ein Hundehalter leint seinen ohnehin schon nervösen Vierbeiner an einer Wiese ab, woraufhin dieser wie irre über das Grün rast und seine

Kreise dreht. Die Begründung ist natürlich, dass der Hund sich freut, wenn er mal so richtig rennen kann. Dass sich hinter dem Verhalten Stress verbirgt, der durch das Rennen zwar kurzfristig weniger wird, sich dann im Alltag aber wieder auflädt, ist kaum jemandem bewusst. Es wird weiter an dem naiven Glauben festgehalten, Hunde, die rennen, seien glücklich.

Bewegung oder Auslastung wird von einigen Trainerkollegen für gestresste Vierbeiner leider immer noch als Therapiemaßnahmen empfohlen. Ein **Beispiel** dazu: Wenn ein Hütehund Jogger oder Radfahrer verfolgt oder anbellt, wird das leider häufig mit fehlender Auslastung erklärt. Den Haltern dieser Hunde wird dann zu mehr Bewegung geraten, was den Stress aber nur noch verstärkt. Tier und Mensch geraten dadurch in einen Teufelskreis, in dem sich die Symptome vielleicht verlagern, aber noch immer da sind.

Viele Verhaltensweisen, die Menschen bei Hunden entweder für normal und artgerecht halten oder sogar lustig, schön oder süß finden, gehen zurück auf einen inneren Stress, den Hunde über das Verhalten zeigen und loswerden wollen. Ich befürworte in solchen Fällen, die Ursache für den Stress auszumachen, statt nach Beschäftigungen zu suchen, die täglich nötig sind, um das wieder aufgeladene Stressempfinden zu beruhigen. Platt ausgedrückt: Klar, man kann am Abend einen kräftig über den Durst trinken, weil am Tag danach eine wirksame Tablette die Konsequenzen – zumindest die im Kopf – lindert. Man könnte aber auch mit dem Saufen aufhören.

Sie können also Ihrem Hund die Möglichkeit geben, seinen Stress loszuwerden. Sie könnten aber auch daran arbeiten, die Ursachen für seinen Stress zu finden und diese dann abstellen und in tägliche Entspannung umwandeln. Das Wissen um die wahren Bedürfnisse und die Konsequenzen, die sich für den täglichen Umgang daraus ergeben, sind der erste und wichtigste Schritt dazu.

Ursachenforschung

So lange Sie die Zusammenhänge zwischen einem Verhalten und der dahinterliegenden Absicht Ihres Hundes nicht erkennen, ist es eher zufällig, ob Sie das Verhalten richtig deuten. Das mag in vielen Bereichen nicht zwangsläufig gravierende Konsequenzen haben. Wenn es allerdings um Verhaltensweisen geht, denen teils massiver und anhaltender Stress zugrunde liegt, dann haben Fehldeutungen dieses Verhaltens für den Hund weitreichende Auswirkungen bis hin zu Fehlfunktionen im Stoffwechselhaushalt und körperlichen sowie organischen Erkrankungen.

Die Deutung einer Erkrankung oder Störung kann ebenfalls dazu beitragen, die Ursache zu erhalten. Nämlich dann, wenn das Verhalten auf die körperliche Störung zurückgeführt wird. Dabei ist auch der umgekehrte Weg möglich – der Hund versucht, den anhaltenden Stress erfolglos mit dem auffälligen Verhalten zu kompensieren, was sich dann in einer Entgleisung des Stoffwechsels und der Organfunktionen fortsetzt.

Das Thema ist sehr komplex, das gebe ich zu. Es genügt vorerst, sich überhaupt einmal damit zu beschäftigen, ob das, was Sie im Verhalten Ihres Hundes sehen

Hier schaue ich immer sehr genau hin – ist das wirklich Spiel oder lässt da jemand auf Kosten eines anderen einfach nur Dampf ab?

– oder zu sehen glauben – tatsächlich dem entspricht, was er damit ausdrücken will. Das alleine ist ja schon eine bittere Pille. Die Lösung aus diesem Dilemma wäre ganz einfach, wenn diese alten Denkweisen, Überzeugungen und Glaubenssätze sich nicht so hartnäckig halten würden. Das Wichtigste ist, dass Sie die Zeichen von Stress im Alltag erkennen. Nehmen Sie sich doch dafür die Liste mit den Anzeichen von Stress immer wieder zur Hand und beobachten Sie Ihren Hund. In welchen Situationen können Sie eines oder mehrere dieser Anzeichen wahrnehmen?

Bedenken Sie aber eines: Ihr Stress, den ich Ihnen mit diesen Erklärungen bereite, ist eine positive Form von Stress, die Lernen und Weiterentwicklung einfach mit sich bringt. Dieser Eustress macht es überhaupt erst möglich, dass sich die Beziehung zwischen Ihnen und Ihrem Hund allgemein verändern kann. Dem steht der Disstress Ihres Vierbeiners gegenüber, dem er ausgesetzt ist und nicht eigenständig entkommen kann. Dafür braucht er Sie und eine neue Haltung und Denkweise.

Das Maß aller Dinge sind für mich die Hunde und ihre emotionale und körperliche Befindlichkeit. Und wenn nur der Verdacht besteht, dass ein Verhalten oder ein Symptom, das übersehen oder falsch interpretiert wurde, auf unnötigen Stress eines Hundes hindeuten kann, dann sollte das genügen, um der Sache auf den Grund zu gehen – egal, was das für dessen Menschen bedeutet und wie er sich dabei fühlt.

Lassen Sie uns als Menschen doch ein wenig positiven Eustress auf uns nehmen, um den Hunden den schädlichen Disstress zu nehmen.

Übersprungverhalten

Hunde zeigen in bestimmten Situationen ein Verhalten, welches in dem Moment als unangebracht oder auch störend empfunden wird. Das Erkennen des sogenannten Übersprungverhaltens ist jedoch wichtig, um sie wirklich zu verstehen.

Eine weitere Form, mit der Hunde etwas über sich und ihre Situation mitteilen, ist das sogenannte Übersprungverhalten. Sowohl der Begriff als auch das, was er beschreiben soll, ist in der Verhaltensbiologie umstritten.

Die Erklärungen aus dem Bereich des Übersprungverhalten, manchmal auch **deplatziertes Verhalten** genannt, machen meiner Meinung bestimmte Alltagssituation jedoch auf einfache Weise leicht verständlich. Für die Zwecke dieses Buches sind sie darum ideal. Damit kann ich ihnen, teils auch bildhaft, Zusammenhänge näherbringen, die uns die Hunde besser verstehen lassen. Darüber hinaus erhebe ich keinen Anspruch auf wissenschaftliche Korrektheit.

Die Halterin korrigiert Lotti, die schwarze Hündin. Hinter ihrem Rücken zeigt Roselie, obwohl sie gar nicht angesprochen wurde, dass ihr dabei nicht ganz wohl ist: Sie kratzt sich.

Wie zeigt sich Übersprungverhalten?

Sehr vereinfacht beschreibt der Begriff **Verhaltensweisen** der Hunde, die in einer **spezifischen Situation unangemessen**, also deplatziert erscheinen. Sie sind dann deplatziert, wenn sich zwei andere Verhaltensmöglichkeiten in dieser Situation in ihrer Motivationsstärke gegenseitig hemmen.

Ein typisches Beispiel dafür ist das scheinbare Auflauern eines Hundes in der Begegnung mit einem entgegenkommenden Artgenossen. Das Verhalten des sich ablegenden oder abduckenden Hundes wird als Anschleichen und damit als Vorbereitung für den Angriff gedeutet. Es vermittelt dem Beobachter den Eindruck, dass dieser sich auf ein aggressives Verhalten vorbereitet oder dieses androht.

Diese Deutung deckt sich nicht mit meiner Erfahrung aus der Praxis. Dort folgt auf dieses „Anschleichen" nämlich in der Regel das Gegenteil – eine sehr artgerechte, respektvolle und eher defensive Kommunikation, die einer völlig normalen Kontaktaufnahme entspricht. Es gibt natürlich Ausnahmen, deshalb verlassen Sie sich nicht blind darauf, dass das bei allen Hunden so ist! Dies ist ein weiteres Beispiel dafür, dass ein Verhalten bei verschiedenen Hunden und in diversen Situationen etwas völlig anderes bedeuten kann.

Was ist der Grund hinter dieser Verhaltensweise, wenn die Folge daraus das komplette Gegenteil darstellt? Eine Erklärung findet sich eben in der Theorie des Übersprungverhaltens.

ÜBERSPRUNGVERHALTEN

Beschreibt Verhaltensweisen eines Hundes, die in einer spezifischen Situation unangemessen, also **deplatziert** erscheinen. Sie sind dann deplatziert, wenn sich zwei andere Verhaltensmöglichkeiten in dieser Situation in ihrer Motivationsstärke gegenseitig hemmen.

In unserem Beispiel sind das die beiden natürlichsten Verhaltensreaktionen auf einen entgegenkommenden Artgenossen: Lieber Ausweichen, um einen möglichen Konflikt zu umgehen, oder der Neugier folgen und Kontakt herstellen, weil der andere eventuell auch ein toller Sozialpartner sein könnte. „Was tue ich? Ausweichen oder hingehen, ausweichen oder hingehen, ausweichen oder hin ...? Ich lege mich mal kurz ab, vielleicht kann ich mich im Anschluss besser entscheiden ...", so könnte es im Kopf des Hundes klingen.

Da der andere Vierbeiner in der Regel näherkommt bzw. der eigene Mensch weitergeht oder neben seinem Hund stehen bleibt, kommt es irgendwann durch die Distanzverringerung zwangsläufig zur Entscheidung „hingehen und kennenlernen". Wie der Kontakt dann verläuft ist wieder ein völlig neues Thema und hat mit dem „Anschleichen", also dem Übersprungverhalten, welches das Dilemma der Entscheidungsnot verdeutlicht hat, nichts mehr zu tun. Wenn Sie das falsch deuten, kann das in dem Fall auch zu einem aggressiven Verhalten beitragen.

Wenn Hunde sich nicht entscheiden können

Erkennen Sie Übersprungverhalten bei Ihrem Hund, dann blicken Sie in sein Innerstes. Dieser Hund wägt ab, welche von zwei oder mehr möglichen Verhaltensreaktionen er wählen soll. Das Übersprungverhalten ist die Folge dieser Überlegung ohne Entscheidung und wirkt dann eben oft völlig unangebracht und deplatziert. Es ist auch tatsächlich ein Verhalten, welches aus einem völlig anderen Funktionskreis stammt und logisch betrachtet in diesem Zusammenhang überhaupt keinen Sinn ergibt. Außer als Signal, welches Ihnen einen Einblick in die Gemütsverfassung Ihres Vierbeiners ermöglicht.

Die Reaktion auf ein solches Verhalten ist mit diesem Verständnis sofort eine andere: Wenn Sie wissen, dass Ihr Hund zum Beispiel keinen Angriff vorbereitet, dann können Sie ja auch entspannt bleiben und ihrerseits wieder viel souveräner und helfend auf Ihren Hund einwirken. Wie, erkläre ich später.

Das Blöde ist wieder, jedes Verhalten könnte ein Übersprungverhalten sein: Schnüffeln, Buddeln, Bellen, Rennen, Wasser trinken, sogar Aggressionsverhalten oder Aufreiten – einfach alles. Das Verhalten alleine sagt Ihnen also nicht viel. Sobald Sie es aber in einen größeren Zusammenhang bringen, erzählt der Hund Ihnen darüber seine eigene Fassung der Geschichte. Es fehlt ihm also nur noch jemand, der ihm dabei zuhört und sich für seine Welt interessiert. Wenn ich Ihnen im nächsten Kapitel (ab Seite 115) zeige, welche Möglichkeiten Sie haben, angemessen mit Ihrem Hund zu kommunizieren, komme ich auf diese Zusammenhänge zurück. Die Alltagssituationen aus dem darauffolgenden Kapitel machen das dann auch noch einmal deutlicher.

Ist das nicht spannend? Verwirrend auch, ich weiß. Ich wünsche Ihnen sehr, dass Sie sich von dieser Verwirrung nicht entmutigen lassen. Sie sollten das gelegentliche Durcheinander im Kopf viel mehr dazu nutzen, „aufzuräumen“ und einem anderen Denken in Bezug auf Hundeverhalten Platz zu machen.

Diese Erfahrung habe ich selbst machen müssen und mache sie in abgeschwächter Form auch heute noch. Man glaubt lange, etwas zu wissen und es verstanden zu haben. Dann kommt jemand und fügt dem Bild ein paar neue Informationen hinzu. Diese zusätzlichen „Puzzlesteine“ erweitern das Bild aber nicht, sie verändern es eher in seiner Gesamtheit. Das ist oft irritierend.

Die Möglichkeiten für ein echtes Verstehen, eine tiefe Verbundenheit und Partnerschaft auf Augenhöhe zwischen Menschen und Hunden sind durch das Wissen um die größeren Zusammenhänge so weitreichend, dass ich oft aus dem Staunen und meiner Begeisterung nicht mehr rauskomme.

Prima! Sie haben nun einen umfassenden und vielleicht auch völlig neuen Blick auf die Sprache der Hunde – wie sie sich mittels Mimik, Körpersprache, Lautäußerung und Verhaltensweisen mitteilen und was sie damit sagen wollen.

Aber das ist ja nur ein Bereich der Kommunikation unserer Vierbeiner. Es fehlt noch die dritte Kommunikationsform, die über Stimmungsübertragung auf der emotionalen Ebene abläuft.

Kommunikation über Stimmungsübertragung

Noch bevor Verhalten äußerlich sichtbar wird, findet im Körper eine Veränderung statt. Daran sind vor allem Emotionen beteiligt, die für eine bestimmte Stimmung und Gefühlslage verantwortlich sind.

Wenn ich nun von Emotionen spreche, dann meine ich damit umgangssprachlich jede Form der Gefühlsregung. Sie kennen das mit Sicherheit auch von sich selbst – ein kleiner Gedanke an eine bevorstehende Situation löst ein Gefühl bei Ihnen aus. Sie denken zum Beispiel an ein unangenehmes Gespräch, welches auf Sie zukommt und verspüren dabei ein leichtes Flattern im Bauch oder Ihr Herz schlägt nur bei dem Gedanken daran etwas schneller.

Eine solche Gefühlsregung geschieht in zahlreichen Momenten und bewirkt eine Veränderung Ihrer „Ausstrahlung". Das meine ich an dieser Stelle wirklich auch physikalisch. Sie können sich das vorstellen wie bei einem kleinen Steinchen, das ins Wasser fällt: Eine Welle breitet sich ringförmig um die Eintrittsstelle aus und bewirkt eine Veränderung der Wasserhöhe auch noch in größerer Entfernung.

Eine **Emotion** ist also nicht nur ein Gefühl in einem selbst. Es ist auch für Außenstehende wahrnehmbar – mal mehr, mal weniger deutlich. Denn: Diese emotionale Regung in Ihnen verändert Ihr Energiefeld. Sie selbst spüren das etwa am Flattern in der Magengrube. Andere, allen voran Ihr Hund, bemerken das auch, da sich diese Emotion in Form von Energiewellen um Sie herum ausbreitet. Wenn das für Sie ein wenig esoterisch anmutet, kann ich Ihnen versichern: Das ist reine Physik, keine Philosophie.

Hunde haben hochsensible Antennen für diese kleinsten Veränderungen. Sie nehmen diese Stimmungsänderungen sofort wahr und reagieren unmittelbar darauf. Dabei spielt es für sie keine Rolle, ob die Veränderung bei einem Zweibei-ner oder einem Artgenossen stattfindet. Hunde sind auf diese Form der Informationsübertragung geeicht wie viele andere Tiere auch.

Menschen, die mit mehreren Hun-den zusammenleben, haben täglich die Gelegenheit, diese feinste aller Kommunikationsformen zu beobachten. Dafür müssten sie nur wissen, worauf sie achten sollten.

In der Regel ist es so, dass der Hund in der Gruppe, der sich auffällig verhält, die meiste Beachtung erhält. Es geht schließlich darum, diesen einen zu trainieren, der sich danebenbenimmt, denn die anderen sind ja okay. Zumindest aus Sicht des Halters, der nicht mitbekommt, was da wirklich passiert. Doch das stimmt nicht. Die anderen tun was, nur nichts Sichtbares.

Wie zeigt sich die Stimmungsübertragung?

Um Ihnen zu vermitteln, was sich hinter der Stimmungsübertragung verbirgt, ein **Beispiel** aus dem Alltag:

Ein Halter geht mit seinen drei Hunden spazieren. Alle Vierbeiner haben eine gewisse Affinität zum Jagen, aber nur einer rastet so richtig aus, wenn Wild in der Nase oder in Sicht ist. Diesem gilt dann im Training oft die größte Aufmerksamkeit.

Was dabei übersehen wird ist, dass ein anderer der drei der eigentliche Anstifter ist. Seine Energie ist, permanent in der Bereitschaft zur Jagd zu sein. Sie äußert sich dabei nicht unbedingt in direktem Verhalten, das dem Jagen zugeordnet wird. Die anderen beiden spüren aber, dass dieser Hund im Hintergrund die „Fäden in der Pfote hält" und sie alleine mit seiner inneren Grundstimmung zum Mitmachen animiert.

Der eine Hund, der am stärksten Jagdmotiviert erscheint, ist oft der derjenige in der Gruppe, der am labilsten ist und unter dieser dauernden „Wir sind auf dem Sprung"-Energie leidet. Für ihn genügt der geringste Funken, um sprichwörtlich zu explodieren. Ich weiß das, weil ich gerade von meinen drei Hunden spreche, die immer mit mir unterwegs sind. Die Anstifterin ist meine älteste Hündin Fani, die in hohem Maße instinktgesteuert handelt. Alles, was sie tut, hat einen Grund: Ordnung, Überleben, Jagen, Profit.

Sebastian, mein Rüde, ist der Sensible, der unter dieser Grundenergie in meiner Gruppe, die von Fani bestimmt wird, ein wenig leidet. Er leidet nicht wirklich, aber er zeigt mir mit seiner Unruhe, was bei Fani nicht in Ordnung ist. Wenn Sebastian also im Wald mit seinen Sinnen schon mehr bei den Rehen als bei mir ist, habe ich lange vorher den Kontakt zu Fani verloren – die aber scheinbar unbeteiligt und treu an meiner Seite mit mir mitläuft.

Gehe ich mit Sebastian alleine los, brauche ich fast nirgendwo die Leine, da er ohne Kommando die ganze Zeit an meiner Seite oder maximal drei Meter von mir entfernt läuft. Außenreize haben dann nur eine geringe Bedeutung für ihn. Er ist dann gut ansprechbar, ohne dass ich das je mit ihm trainiert habe. Er hat das einfach von Anfang an gemacht, weil er sich gleich am ersten Tag extrem an mich gebunden hat. Manchmal würde mir ein bisschen weniger auch genügen, doch er scheint der Meinung zu sein, es könne noch ein bisschen mehr sein. Man könnte noch behaupten, diese Veränderung sei damit zu erklären, dass ich jetzt mit meiner ganzen Aufmerksamkeit bei Sebastian sein kann und er deshalb auch aufmerksamer bei mir ist. Das spielt sicher eine Rolle, da sich meine Stimmung ja ebenfalls verändert, wenn ich nur einen statt drei Hunde führe. Aus Erfahrung durch die Arbeit mit vielen anderen Hundegruppen und ihren Menschen weiß ich aber, wie groß die Bedeutung der Kommunikation der Hunde untereinander und wie gering der Einfluss dieses Argumentes auf die Dynamik in der Gruppe ist.

Das, was an Stimmungsübertragung innerhalb einer Gruppe abläuft, passiert auch zwischen fremden Hunden. Wenn Sie einen Vierbeiner haben, der in manchen Hundebegegnungen entspannt bleibt, in anderen aber ohne erkennbaren

Grund austickt, dann finden Sie hier eine mögliche Erklärung dafür. Menschen suchen im Außen nach Mustern, die das Verhalten erklären. Da werden dann die abenteuerlichsten Gründe gefunden: Er mag keine Schäferhunde, der andere Hund ist ängstlich, er wurde einmal von einem schwarzen Hund gebissen usw.

Tatsächlich findet sich der Grund in der Stimmung, mit der der andere Hund sich nähert – die im Übrigen nicht mit der gezeigten Körpersprache deckungsgleich sein muss! Auch hierfür habe ich ein **Beispiel** aus meinem Leben mit meiner Hündin Fani, die im Lesen von Artgenossen eine echte Meisterin ist:

Es gibt Begegnungen, in denen der entgegenkommende Hund sich so unmöglich verhält, dass ich Fani verstehen könnte, wenn sie ihm seine Meinung zu seinem Verhalten mitteilen würde. Tut sie aber nicht, sie bleibt bei solchen Hunden sehr oft vollkommen desinteressiert, schnüffelt am Wegesrand und würdigt den anderen keines Blickes.

Dann kommt uns ein Hund an lockerer Leine entgegen und es scheint, als wäre mit diesem wirklich alles in Ordnung. Dieser Hund aber wird kritisch beäugt, taxiert und er darf sich nicht einen Fehltritt leisten, ohne dass Fani ihm mit Drohfixieren zu verstehen gibt: „Ich habe dich im Blick; pass auf, was du sagst!“

Was hat das mit Stimmungsübertragung zu tun? Der erste Hund verhält sich zwar aus menschlicher Sicht daneben, Fani nimmt aber wahr, dass er ein eher unsicherer, sensibler und hysterischer Vierbeiner ist, der genug mit sich und seinem Menschen zu tun hat. Die Stimmung des anderen signalisiert Fani, dass keine Gefahr von ihm ausgeht. Im direkten Kontakt würde sich dieser Hund sofort unterordnen, beschwichtigen und keine Versuche unternehmen, Fani „das Wasser abzugraben“.

Die Körperhaltung ist es nicht alleine. Ob ein Hund sich im Kontakt mit seinem Menschen wohlfühlt, hängt immer auch von der Stimmung ab.

Beim zweiten Hund sieht das anders aus. Dieser erscheint aus Menschensicht gut erzogen und freundlich. Fani sagt mir aber, dass das nur Fassade ist. Ich drücke es einmal in meinen Worten aus, auch wenn die nun ein wenig drastisch erscheinen: Diesem Hund hat man das Verhalten, welches seiner sozialen Stellung entsprechen würde, abtrainiert. Hundebegegnungen und Leinenführigkeit wurden geübt, bis sie der Vorstellung des Menschen entsprachen.

Hinter diesem äußeren Schein verbirgt sich aber immer noch der Vierbeiner, der er tatsächlich ist. Damit ist auch eine gewisse Grundstimmung verbunden, die in diesem Hund wirkt. Auf diese Energie hinter dem Mantel des angepassten Verhaltens reagiert Fani, weil sie spürt, dass der andere im direkten Kontakt nicht klein beigeben würde.

Stimmungen anderer wahrnehmen

Die in diesem Abschnitt erwähnten Situationen habe ich bewusst so beschrieben, dass sie für Sie nachvollziehbar sind. Ich weiß aus meiner praktischen Arbeit als Trainer, wie schwer es vielen Menschen fällt, die Stimmungsübertragung nachzuvollziehen, geschweige denn selber spüren zu können. Das ist auch alles andere als leicht und selbstverständlich.

Am Anfang dieses Kapitels zur Kommunikation habe ich darauf hingewiesen, dass die Kenntnisse aus den Bereichen Körpersprache und Verhaltensweisen, die der Kommunikation dienen, die unbedingte Grundlage für alles andere sind. Haben Sie dieses Wissen, können Sie Ihren Hund in seiner sichtbaren Kommunikation immer besser beobachten und selbstverständlich richtig deuten. Die Fähigkeit, Stimmungen Ihres Vierbeiners oder die seiner Artgenossen wahrzunehmen, bildet sich dann automatisch aus. Nehmen Sie es doch als Motivation, Ihren Hund immer besser lesen und verstehen zu können, mit dem Ziel, eine enge emotionale Verbindung zu ihm zu haben.

Es gibt noch einen Punkt, mit dem Sie sich selbst daran hindern, die Stimmungen und Emotionen der Hunde wahrnehmen und fühlen zu können:

Sie sind zu sehr mit ihren eigenen Gefühlen und ihrer eigenen Stimmung beschäftigt, um gleichzeitig auch noch auf die Emotionen und Stimmungen Ihres Hundes achten zu können. Wenn das Verhalten Ihres Vierbeiners Sie auf die Palme bringt oder Sie im Vorfeld eines Spaziergangs schon mit Grausen daran denken, was geschieht, wenn Ihnen auf dem Weg der Erzfeind begegnet, dann leben Sie wie fremdbestimmt durch ihre persönlichen Gefühle und die daraus resultierende Grundstimmung (siehe dazu auch Seite 30). Alles, was Sie nun tun, basiert auf Ihrer eigenen inneren Verfassung und hat mit dem Hund rein gar nichts mehr zu tun.

Das ist auch gleichzeitig die ideale Überleitung zum nächsten Kapitel, in dem es unter anderem um die Frage geht, wie Sie als Mensch mit Ihrem Vierbeiner kommunizieren und auf welche Weise Sie ihm was mitteilen. Die Gefühle stehen da nicht an dritter, sondern an erster Stelle. Oft zum Leidwesen der Hunde.

Zusammenfassung

Um *Hunden richtig zuhören* zu können, braucht es eine geschulte Wahrnehmung und eine Anleitung in der Übersetzung ihrer oft feinen Signale und Ausdrucksweisen.

- Hunde kommunizieren auf drei Wegen:
  1. Mimik, Körpersprache und Lautäußerung
  2. Verhaltensmuster und -sequenzen
  3. Stimmungsübertragung mittels Emotionen
- Kommunikation dient immer dazu, dem Gesprächspartner etwas über sich mitzuteilen: eigene Bedürfnisse, das eigene Gefühlsleben und Wünsche an den Partner.
- Mit ihren Ausdrucksformen und Verhaltensweisen, sprich den dementsprechenden Signalen, zeigen uns Hunde ihre wahren Bedürfnisse und ob diese ausreichend befriedigt sind.
- Die Signale aus den Bereichen Körpersprache, Mimik und Lautäußerung sowie Verhaltensmuster und -sequenzen lassen sich den folgenden vier Kategorien zuordnen:
  1. Unterwürfigkeit bzw. Demut und Aggressionshemmung
  2. Aggression
  3. Stress
  4. Übersprungverhalten
- Die Übertragung der Signale aus dem Bereich Stimmungsübertragung mittels Emotionen findet auf einer sehr feinen Ebene statt. Damit der Mensch diese erkennen kann, braucht es:
  1. Die Fähigkeit, Stimmungen des Vierbeiners wahrzunehmen.
  2. Klärung der eigenen Gefühle und Stimmungen – diese stehen einem hierfür oft im Weg.
  3. Gefühle lassen sich beeinflussen, wenn es gelingt, die Gedanken zu kontrollieren.
- Allein das einzelne Signal zu betrachten, genügt oftmals nicht, um sagen zu können, was es genau bedeutet. Erst im größeren Zusammenhang wird die eigentliche Botschaft dahinter deutlich.
- Hundekommunikation ist häufig sehr tiefgründig, die menschliche Deutung des Hundeverhaltens jedoch oft oberflächlich und ungenau. Die „Nachricht“ hinter dem hündischen Verhalten geht dabei leider in der Regel verloren.
- *Hunden richtig zuhören* heißt deshalb auch: von alten Überzeugungen und vorschnellen Schlussfolgerungen Abschied zu nehmen und sich für ein neues Verständnis zu öffnen.
- Teilen Hunde sich ihrem Menschen mit, dann sagen sie nicht nur etwas über sich selbst aus. Sie geben ihrem zweibeinigen Partner immer auch eine Rückmeldung zu dessen eigenem Verhalten. In den „Äußerungen“ eines Hundes liegt demnach grundsätzlich eine Beurteilung der menschlichen Kommunikationsform dem Tier gegenüber. Daraus könnten Menschen eine Menge lernen – wenn sie zuhören.

Aufgaben

- Schulen Sie Ihre Wahrnehmung, indem Sie Ihren Hund einfach nur beobachten.
- Beschreiben Sie für sich, was Sie sehen. Wo erkennen Sie die Signale, die ich in diesem Kapitel erklärt habe?
- Versuchen Sie, die Signale einem der vier Bereiche – Unterwürfigkeit, Aggression, Stress und Übersprung – zuzuordnen.
- Fragen Sie sich, welche Absichten hinter diesen Mitteilungen liegen könnten. Bedenken Sie, dass das Verhalten selbst nicht die Absicht ist!

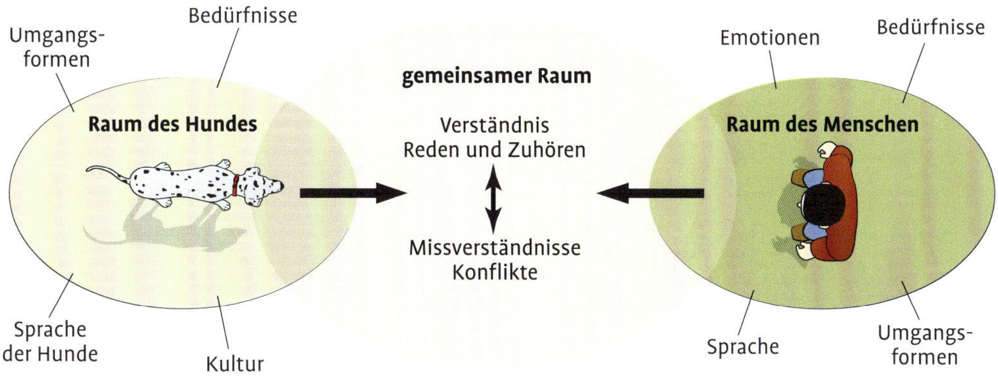

Die Tücken der Kommunikation

Hinter dem, was wir Menschen im Verhalten unserer Hunde zu sehen glauben, liegt das, was sie in Wahrheit von sich mitteilen. Das Miteinander wird vor allem dadurch bestimmt, ob und wie wir unsere Tiere verstehen.

Die Unterteilung der immer wieder auftretenden hündischen Kommunikationsstruktur kann Ihnen bei diesem Verstehenlernen helfen:

- Hunde zeigen Unterwürfigkeit oder aggressionshemmendes Verhalten.
- Sie verhalten sich oder kommunizieren aggressiv.
- Sie zeigen Stresssignale (die nicht pauschal schlimm sein müssen).
- Hunde teilen mit Übersprungverhalten mit, dass sie in einem Konflikt stecken.

Auch wenn es an dieser Stelle eine Menge Missverständnisse zwischen Hund und Mensch gibt – wir erleben doch immer wieder auch ganz natürliche Momente der Zuneigung, der Zugehörigkeit und der Liebe, mit der uns die Vierbeiner begegnen. Nicht jedes Signal oder Verhalten muss zu jeder Zeit auf die Goldwaage gelegt werden.

DIE NATÜRLICHE KOMMUNIKATION MIT HUNDEN

Voraussetzung für eine natürliche Kommunikation

Wie kommen Hunde und ihre Menschen nun in einen Dialog, an dem beide teilhaben, in dem beide sich in ihrer Sprache mitteilen können und in dem beide die Chance darauf haben, den anderen zu verstehen und verstanden zu werden?

Hunde teilen sich, wie wir Menschen, auf verschiedenen Wegen und auf unterschiedlichen Ebenen mit. Im Unterscheid zu den Vierbeinern senden wir, ohne das zu bemerken, aber auch doppeldeutige Botschaften, die bei den Hunden Verwirrung stiften.

Es ist nicht schlimm für Hunde, von ihren Menschen auch mal ermahnt zu werden. Sie erwarten dabei nur Fairness und Klarheit.

NATÜRLICHE KOMMUNIKATION?

Die „natürliche Kommunikation“ umfasst sämtliche Kommunikationsmöglichkeiten, die ohne vorheriges Training möglich sind. Kommandos oder auch Gesten mit der Hand gehören demnach nicht zur natürlichen Kommunikation zwischen Menschen und Hunden.

Wie Hunde unser Verhalten wahrnehmen und deuten

Aus Sicht der Hunde verhalten sich Menschen sehr widersprüchlich. Mal passt die Stimme nicht zur Körperhaltung, ein anderes Mal sagt der Zweibeiner mit seiner Bewegung etwas anderes als mit seinem Blick und im nächsten Moment verringert er die Distanz zum Hund, obwohl dieser ihm vermittelt, dass er Abstand braucht.

Menschen zeigen sich Hunden mit ihrem Verhalten oft demütig und klein, wenn sich das Tier genau das Gegenteil wünscht. In einer anderen Situation erwartet der Vierbeiner, dass sich der Mensch zurücknimmt und erfährt stattdessen von ihm Übergriffig- und Respektlosigkeit.

Es erstaunt mich immer wieder, wie Hunde sich an dieses Durcheinander von Botschaften anpassen können – die einen mehr, die anderen weniger. Aber gemessen an dem, wie unbewusst und missverständlich die Mehrheit der Zweibeiner mit ihren Hunden kommunizieren, überrascht es mich, wie wenig diese es ihren Haltern krummnehmen. Umgekehrt sieht das in der Regel ganz anders aus: Da wird, überspitzt gesagt, mit dem Maßband gemessen, wo er sitzt oder läuft. Entspricht das nicht den Erwartungen des Menschen an einen gehorsamen Hund, wird dieser natürlich korrigiert.

Eigentlich bräuchte es keine zusätzliche geistige Auslastung mehr. Das, was Hunde in der Kommunikation mit Menschen leisten, reicht im Grunde aus.

Hunde nehmen unsere Signale immer wahr und immer *für wahr*. Aus ihrer Sicht sind Bewegungen, Blicke oder Körperhaltungen nichts Zufälliges, denn sie haben in ihrer eigenen Sprache eine enorme Bedeutung. Wie soll ein Hund das abstellen, wenn er mit einem Menschen kommuniziert?

Mein Wunsch ist, dass Sie nach diesem Kapitel erkennen, welche Leistung Ihr Vierbeiner tagtäglich nur dadurch vollbringt, Ihre Signale aufzuschlüsseln und irgendwie für sich nachvollziehbar zu machen. Denn: Sie können ihm die gängigen Kommandos beibringen und vielleicht reagiert er auch sicher darauf. Was Sie ihm jedoch nicht beibringen können, ist, alle anderen Botschaften, die Sie ihm als Mensch unbewusst senden, auszublenden.

Zwei Fragen, zwei völlig verschiedene Themen: „Möchte mein Hund gestreichelt werden?“ oder: „Will ich meinen Hund streicheln?“

Mensch und Hund im Zusammenspiel

Bevor wir uns anschauen, wie Sie ganz praktisch mit Ihrem Hund kommunizieren können und sollten, möchte ich ein paar Zusammenhänge aufzeigen, die Sie in dieser Deutlichkeit vielleicht eine Weile beschäftigen. Dieser Schritt ist aber nötig und dient dazu, Sie für das zu sensibilisieren, was danach kommt.

Das Miteinander

Wie in meinem ersten Buch *Das Leitwolf Training – Sprachfrei kommunizieren mit Hunden* ausführlich dargestellt, unterteile ich alles, was im Miteinander von Zwei- und Vierbeinern geschieht, in die drei Bereiche **Führung**, **Spiel** und **Teamwork**. Diese Unterteilung hilft dabei, komplexe Zusammenhänge leichter zu verstehen.

Betrachten wir die beiden Sparten Führung und Spiel (der Bereich Teamwork ist für das Verständnis in diesem Buch nicht relevant, er betrifft eher das „herkömmliche Hundetraining"). Die Kommunikation zwischen Mensch und Hund unterscheidet sich in diesen beiden Bereichen sehr. In der **Führung** stehen die Ruhe, die Einschränkung und eine selbstsichere Haltung im Vordergrund. Es geht darum, Hunden Sicherheit durch ein selbstbewusstes Auftreten und Handeln zu vermitteln. Im **Spiel** wechselt das ins Gegenteil: Die Ausdrucksformen sind übertrieben, dynamisch, fast schon albern wie im kindlichen Spiel. Es dominiert dann das Selbstlose, das Selbstvergessene und beide Partner können sich ins Spiel fallen lassen. Führung schafft Sicherheit, Spiel nutzt diese Sicherheit.

Wenn ich Menschen in meinen Trainings anleite, ihren Hund zu führen oder mit ihm zu spielen, nehme ich etwas sehr Paradoxes wahr: Die Reaktionen der Tiere auf die Kommunikation ihrer Halter in den Führungselementen unseres Trainings würde ich im Spiel erwarten. Und umgekehrt treten dann bei den Hunden Ausdrucksweisen im Spiel in den Vordergrund, die ich mir in der Führung gewünscht hätte. Es scheint also so, als würden beide in diesen Fällen genau aneinander vorbeikommunizieren. Wenn der Mensch dem Hund vermitteln möchte „Ich führe dich, bei mir bist du sicher.", weichen diese eher aus, verhalten sich unruhig bis nervös und versuchen, den Aktionen des Halters zu entkommen. Zeigt der Mensch nun seinem Hund aber „Komm, lass' uns spielen!", reagiert der Vierbeiner meist unterwürfig und versucht, diese aufkommende Spielaggression (die zum Spiel einfach dazugehört) durch seine Gesten zu hemmen. Oder er versucht mit maßregelndem Verhalten – Anspringen, Umkreisen und Beißen bzw. Festhalten – für Ruhe zu sorgen. Fatalerweise deuten Menschen das dann als Spielverhalten und machen einfach mit dem weiter, was sie gerade tun.

Was zeigt sich in diesen Momenten der Kommunikation vom Menschen zum Hund?

1. Auf der **sichtbaren Verhaltensebene** sehe ich, dass der Mensch eine Anleitung braucht und sich seiner Wirkung auf den Hund gar nicht bewusst ist. Ich muss mithilfe von Videoanalysen die menschlichen Bewegungen und ihre Wirkungen erklären, die Reaktionen des Hundes darauf übersetzen und dann den Menschen in seinem Verhalten anleiten und korrigieren. Das ist das ganz normale Training.
2. Dann gibt es die Ebene, die den Menschen mit seinen **inneren Bildern und Emotionen** betrifft. Mit inneren Bildern meine ich zum Beispiel die Vorbilder und Modelle, die jemand aus seiner Kindheit und seinem Leben mitbringt. Welches Bild von Führung, Autorität und Erziehung hat jemand? Welche Haltung hat der Mensch zum Spiel im

Allgemeinen, nicht nur mit Hunden? Welche Bedeutung hatte Spiel in seinem Leben? Diese inneren Erfahrungen und Prozesse steuern ja auch im Umgang mit Tieren die eigenen Entscheidungen und das eigene Verhalten. Das ist die unbewusste Ebene, die ich als Trainer oft mit einbeziehen muss, ohne dabei zum Therapeuten zu werden.

Wenn man weiß, worauf man achten muss, dann werden diese Erfahrungen im Umgang mit Hunden sichtbar. Jetzt kommt das Wissen aus dem letzten Kapitel zum Tragen, in dem ich die Fähigkeit von Hunden aufgezeigt habe, auf Stimmungen des Gegenübers zu reagieren (siehe Seite 107).

Die Dynamik des Unbewussten

Die Hunde erkennen diese **inneren Bilder**, die Menschen anleiten, noch bevor der Mensch sie in seinem Verhalten zum Ausdruck bringt. Daraus folgt eine gute und eine schlechte Nachricht.

Die Gute: Sie können Ihrem Hund nichts vormachen. Er sieht immer das, was wirklich ist.

Die Schlechte: Sie können Ihrem Hund nichts vormachen. Er sieht immer das, was wirklich ist.

Wenn der Hund doch sowieso sieht, dass im Hintergrund noch etwas anderes wirkt, macht es dann noch Sinn, das eigene Verhalten zu trainieren? Ja, das macht Sinn, und zwar aus folgendem Grund:

Wenn Sie aus eigenem Antrieb oder unter Anleitung Ihr Verhalten verändern, dann erleben Sie sich selbst auch anders als bisher. Das ist vielleicht ungewohnt, aber Teil der Veränderung. Mit einer Änderung Ihres Verhaltens, Ihrer veränderten Reaktion auf das Verhalten Ihres Hundes und einer neuen Sichtweise auf die Dinge, bilden Sie einen neuen Persönlichkeitsanteil in sich aus. Im Idealfall ist das der Teil, den Ihr Vierbeiner bei Ihnen vermisst oder auf den er schon lange sehnsüchtig wartet. Was dann passiert ist für mich das eigentliche Wunder.

Die Veränderung im Menschen – Innen wie Außen – bewirkt, dass Hunde sich dieser neuen Persönlichkeit anschließen. Denn diese bietet dann all das, was sie brauchen, um ein glückliches Leben bei ihren Menschen leben zu können. Ob Sie aktuell größere Probleme mit Ihrem Vierbeiner haben oder sich „einfach nur" weiterbilden wollen – diese Sichtweisen und Überzeugungen, die ich Ihnen gerade vermittele, können ein Wegweiser in die Richtung sein.

Diese Zusammenhänge werfen wieder neue Fragen auf: Wie schaffen Sie es, sich den eigenen Anteilen zuzuwenden, und wer kann Sie dabei begleiten? Wie und wo fängt man an? Was machen Sie in der Zwischenzeit, bis die ersten Veränderungen Wirkung zeigen? Gibt es Literatur dazu? Ja, es gibt eine Menge Bücher zu diesen Themen. Die finden Sie aber in der Regel nicht unter den Hundebüchern. Mir haben die Bücher des indischen Mediziners und Lehrers Deepak Chopra sehr dabei geholfen, die Welt und ihre Lebewesen mit anderen Augen zu sehen. Neben ihm gibt es noch weitere Autorinnen und Autoren, die diese Zusammenhänge zum Teil wissenschaftlich, zum Teil philosophisch erläutern (siehe Seite 194).

Das Thema würde ausreichend Stoff für ein eigenes Buch liefern. Für den Moment bitte ich Sie nur, die Erkenntnis in sich wirken und reifen zu lassen. Die Konsequenzen aus dieser Sicht auf Hunde sind weitreichender, als Ihnen momentan vielleicht bewusst ist oder bewusst sein kann. Je nachdem, wo Sie gerade stehen – das meine ich ohne Wertung –, müssen Sie erst einmal in kleinen Schritten weitergehen und sich in dieser für Sie neuen Welt umschauen.

Persönlichkeitsentwicklung klingt manchmal schöner, als es dann streckenweise ist, wenn man sich erst einmal auf den Weg gemacht hat. Dazu gibt es eine schöne Karikatur, in der ein Redner am Pult steht und die Zuhörer fragt „Wer möchte Veränderung?", und alle reißen die Hände nach oben und schreien „Ich!!". Dann fragt der Redner „Wer möchte sich ändern?" – nur einige wenige murmeln dann noch „Ich." Der Großteil schaut betreten zur Seite.

In der Kommunikation von Mensch und Hund zeigt sich die Dynamik aus dem Unbewussten auch in ganz alltäglichen Situationen.

Wenn Freilauf nicht abhängig von einem guten Rückruf wäre, sondern alleine auf Bindung und Aufmerksamkeit basieren könnte – ein Traum, oder?

Das Unbewusste steuert Verhalten

Ich führe ein paar Beispiele aus dem Alltag von Hundehaltern an und beschreibe, was sich darin zeigen kann. Ich sage bewusst *kann*, weil das natürlich nicht für alle gilt. Es sind Beispiele, keine Gesetzmäßigkeiten.

Beispiel 1: Ein Mensch geht mit seinem Hund spazieren, der jagdlich motiviert und, wenn er ein Reh sieht, nicht mehr abrufbar ist. Trotzdem lässt der Halter ihn ohne Leine laufen. Er meint, er müssen nur genug aufpassen und das Reh vor dem Hund sehen, dann passiere nichts.

Was zeigt sich darin? Die innere Haltung des Menschen drückt sich in der Unsicherheit aus, den Hund nicht stoppen zu können, wenn er zum Hetzen ansetzt. Diese Unsicherheit zwingt ihn, ständig auf der Hut zu sein. So vermittelt er seinem Hund, dass er sich als Anführer nicht sicher ist.

Gleichzeitig zeigt sich in der Entscheidung, den Hund trotzdem frei zu lassen, die eigene Haltung zu Führung und Disziplin. Der Wunsch, dem Vierbeiner Freilauf zu ermöglichen, steht über der Bereitschaft, ihn so zu führen, dass dieser seine Grenzen kennt. Darin spiegelt sich die eigene Haltung zu Disziplin, woher diese auch immer rührt. Wenn ein Mensch seinem Vierbeiner aber keine Disziplin und Ordnung vorleben kann, dann hat er aber aus dessen Sicht auch das Recht verspielt, diese Disziplin von ihm zu erwarten.

Beispiel 2: Der Hund eines Halters reagiert auf Passanten am Gartenzaun aufgeregt bis aggressiv. Er stürmt in diesen Situationen bellend zum Zaun.

Seinen Menschen stört das und er sucht nach einer Lösung: Jedes Mal, wenn der Hund nun am Zaun bellt, folgt er ihm schimpfend und befiehlt ihm, damit aufzuhören. Da der Vierbeiner nicht reagiert, geht der Mensch dazu über, das Verhalten mithilfe einer Wasserspritze oder einer Rappeldose, die er neben ihm auf die Wiese wirft, zu unterbinden.

Was zeigt sich hier? Zum einen steht der Wunsch, seinem Hund den Freiraum im Garten zu ermöglichen, über dem Ziel, dieser möge mit dem Bellen am Zaun aufhören. Das Verhalten besteht ja nicht erst seit gestern, und dennoch lässt ihn der Halter immer wieder unangeleint oder ohne Aufsicht in den Garten.

Obwohl dem Menschen klar ist, dass der Hund beim nächsten Passanten wieder bellen wird, entscheidet sich der Halter, allein auf das Symptom zu reagieren und dem Vierbeiner dieses zu untersagen bzw. auszutreiben. Darin sehe ich ein fehlendes Verständnis für Fairness, das eventuell auf eigene Erfahrungen ähnlicher Art hinweist. Wer sich selbst von Eltern, Lehrern oder Vorgesetzten unfair behandelt fühlte, trägt leider diese Personen als Vorbilder und Modelle in sich. Der Verstand sagt „Ich will auf keinen Fall so werden wie der!“, das Unbewusste ruft jedoch diese Modelle in entsprechenden Situationen ab, mit der Folge, dass man exakt so wird wie die, die man kritisiert.

Dem Hund vermittelt der Mensch auf diese Weise genau das gleiche: „Ich bin nicht einschätzbar und zuverlässig für dich. Ich habe keine Vorbilder für Fairness, deshalb kann ich dir auch nicht so begegnen.“

Der Hund nimmt das nicht nur in diesem Moment im Garten wahr, sondern durchgehend. Entsprechend richtet er sein Verhalten aus und übernimmt – soweit es ihm möglich ist – diesen Part und ist vielleicht auch nicht immer der Fairste, wenn es um Entscheidungen geht, von denen andere ebenfalls betroffen sind.

Nicht jeder Hund, der lieber auf Abstand bleibt, hat automatisch Angst. Er äußert damit nur sein Bedürfnis nach Freiraum und Respekt.

Beispiel 3: Ein Mensch entscheidet sich, einen Hund aus dem Tierschutz bei sich aufzunehmen. Er wird als unsicher beschrieben, der neue Halter traut sich diese Herausforderung trotzdem zu.

Als der Vierbeiner bei ihm einzieht wird schnell deutlich, dass es mehr ist als Unsicherheit. Der Hund kennt nichts und reagiert geradezu panisch auf alles, was ihm begegnet. Aus der Herausforderung wird eine Lebensaufgabe. Aber der Mensch stellt sich der Verantwortung und entscheidet sich, dass der Hund bleibt – egal, was kommt und wie weit es mit Training überhaupt möglich ist, dem Tier zu helfen.

Eine Sache entscheidet nun darüber, ob der Hund sich bei seinem neuen Menschen entwickeln kann. Das ist die Frage, ob der neue Halter sich in die Angst seines Vierbeiners hineinziehen lässt, oder ob er für seinen Angsthund ein stabiler Partner ist, an dessen sicherem Auftreten dieser sich orientieren kann.

Das Schlimmste für sogenannte Angsthunde ist ein Mensch, der selbst eine Furcht vor der seines Hundes entwickelt. Damit meine ich folgendes: Ein Vierbeiner, der von seiner Angst beherrscht wird, ist für seinen Menschen kaum erreichbar. Aus der Angst heraus hat dieses Tier Strategien entwickelt, die aus dessen Sicht funktionieren – in den meisten Fällen Fluchtverhalten, wenn das nicht mehr hilft, dann auch eine Aggression.

Da der Hund sich für seine Strategie entschieden und diese verfestigt hat, bleibt beim Menschen ein ganz natürliches Gefühl der Ohnmacht – man möchte dem Tier ja aus seiner Angst heraushelfen, kommt aber nicht an ihn heran. Die eigene Ohnmacht führt dann dazu, dass der Halter eine unterschwellige Angst vor der nächsten Situation entwickelt, auf die der Hund wiederum ängstlich reagiert. So finden beide nicht zusammen.

Die Haltung eines Menschen, bei dem ein Angsthund Stabilität finden kann, sieht eher folgendermaßen aus: Die Angst des Hundes ist eine für ihn normale Reaktion. Der Mensch „gesteht" dem Vierbeiner seine Emotion zu, geht aber nicht mit ihr in Resonanz. Das bedeutet, er lässt sich in seiner eigenen Haltung nicht vom emotionalen Zustand und den Verhaltensweisen des Hundes beeinflussen. Denn Angst ist nichts Krankhaftes, im Gegenteil: Ohne diese Emotion hätte dieser Hund vielleicht nicht überlebt. Seine Angstreaktionen werfen den Menschen auch nicht aus der Bahn. Er bleibt beharrlich bei seiner Haltung, denn dies ist die einzige Chance, dem Vierbeiner ein stabiler und zuverlässiger Partner zu sein. Wann und ob der Hund sich überhaupt ändert, verändert die innere Haltung des Menschen nicht.

Natürlich gibt es sehr wertvolle Trainingsmethoden, um Hunde darin zu unterstützen, einen neuen Umgang mit angstauslösenden Reizen zu erlernen. Aber auch in diesen Trainings spielt die Haltung des Menschen eine zentrale Rolle für den Hund, der ja die Stimmung des Gegenübers trotzdem mitbekommt.

Bewusst reagieren und handeln

Gerade mit dem Beispiel 3 möchte ich Ihnen verdeutlichen, dass es zu einer Reaktion auf das Verhalten eines Hundes immer mindestens eine Alternative gibt. Es ist egal, wie sich mögliches Fehlverhalten des Tieres zeigt, entscheidend ist, wie die Option dazu aussieht und wie sinnvoll sie aus Sicht des Hundes erscheint. Um eine solche überhaupt in Betracht ziehen zu können, braucht er jedoch einen Menschen an seiner Seite, der auch über Alternativen in seinen eigenen Reaktionen auf das Verhalten seines Hundes verfügt.

So wie ich vom Hund erwarte, dass er sein Verhalten zugunsten eines anderen und vor allem aus menschlicher Sicht besseren Verhaltens aufgibt, so muss ich als Mensch ja auch bereit und in der Lage sein, mein eigenes Verhalten – in diesem Fall meine Reaktion – zu verändern.

Der erste Schritt besteht darin, dem Hund eine alternative Grundhaltung oder auch Grundstimmung anzubieten. Nur dadurch ist es dem Menschen möglich, dem Vierbeiner das alternative Verhalten quasi schon vorzuleben. In der Sprache der Verhaltensbiologie spricht man hier auch vom „sozialen Lernen" oder „Lernen am Modell". Der Mensch wird zum Vorbild für seinen Vierbeiner – mit folgenden Konsequenzen:

- Zeigt der Hund Angstverhalten, darf der Mensch nicht unsicher und reaktiv werden.
- Zeigt der Hund aggressives Verhalten, darf der Mensch nicht mit Aggression oder Wut darauf reagieren.
- Ist der Hund aufgeregt, hilft es ihm nicht, wenn sein Mensch ebenfalls in Aufregung gerät.

Das Bild, welches ich zur Verdeutlichung in meinen Trainings vermittle, entstammt einem alten Spiel. Vielleicht kennen Sie noch das Labyrinth aus Holz, durch das man eine kleine Metallkugel mittels Ausbalancieren lenken muss, ohne dass diese in eines der zahlreichen Löcher fällt.

Da gibt es die einen, die ruhig und gelassen bleiben, wenn die Kugel plötzlich schneller wird und in ein Loch zu fallen droht. Und die anderen, die in diesen Momenten wie wild versuchen, die Ebene durch schnelle Bewegungen auszugleichen, um damit den Sturz der Kugel zu verhindern. Was meinen Sie, wer die größeren Chancen hat, die Kugel im Spiel zu halten?

So ähnlich ist das im Umgang mit Hunden auch: Je schneller er wird, desto langsamer müssen Sie werden. Je lauter ein Hund ist, desto leiser müssen Sie sein. Je ängstlicher ein Hund ist, desto mehr müssen Sie sich von Ihrer eigenen Unsicherheit distanzieren können.

Die Grundlage für eine **souveräne und zielgerichtete Kommunikation** mit Hunden ist, sich nicht von der Energie und dem Verhalten des Gegenübers anstecken zu lassen. Das Gegenteil ist nötig, also eine eigene Haltung einzunehmen und in dieser zu bleiben, egal wie der andere sich verhält.

Ich lehre das so: Wenn ein Hund seinen inneren emotionalen Zustand und sein Verhalten aus eigener Kraft nicht verändern kann, dann braucht er die Nähe eines Menschen, in der er all das schon vorfindet, wozu er selbst nicht in der Lage ist.

Wenn Sie dieser Mensch bereits sind, dann beglückwünsche ich Sie dazu. Wenn Sie dieser Mensch für Ihren Vierbeiner zukünftig sein und darin täglich besser werden möchten, dann finden Sie in den folgenden Erklärungen, wie und auf welche Weise wir Menschen mit Hunden kommunizieren, einen möglichen Weg dorthin.

Doch nicht nur Hunde sind fühlende Wesen mit einer eigenen Geschichte, Menschen und damit Hundehalter ja auch. Wenn ich den Vierbeinern zugestehe, sich aufgrund ihrer eigenen Lebensgeschichte und den darin gemachten Erfahrungen zu verhalten, dann muss ich dieses Recht den Zweibeinern ebenfalls einräumen. Wenn ich Verständnis für Hunde aufbringe, die sich nicht auf Knopfdruck anders verhalten können, dann gilt das gleiche Verständnis auch einem Menschen.

Einen Unterschied gibt es trotzdem: Die Fähigkeit, sich bewusst gegen das alte Verhaltensmuster und für ein neues entscheiden zu können. Dazu ist nach meinem heutigen Kenntnisstand nur der Mensch mit seinem Bewusstsein und seiner Fähigkeit zur Reflexion wirklich in der Lage. Das führt in einigen Fällen dann dazu, dass Sie als Hundehalter nicht nur für die Veränderung beim Hund, sondern im Vorfeld schon zu einer bewussten Veränderung bei sich selbst betragen können.

Ich beobachte seit einigen Jahren, dass sich das auch im Hundetraining bemerkbar macht. Es wird erfreulicherweise nicht mehr einfach nur der Hund trainiert oder therapiert. Der Mensch und sein emotionaler Einfluss auf das Tier rückt mehr und mehr in den Fokus. Von der Offenheit für diese Zusammenhänge profitieren beide Seiten gleichermaßen.

Das Fundament ist und bleibt dennoch das Wissen rund um die Kommunikation von und mit Hunden. Und daran haben Sie einen größeren Anteil, als Ihnen jetzt vielleicht schon bewusst ist.

Unsere Kommunikation mit Hunden

Paul Watzlawick hat den Ausspruch „Man kann nicht nicht kommunizieren." geprägt. Das heißt: Im Kontakt mit Sozialpartnern senden wir ständig Signale und Botschaften – mal bewusst, viel häufiger aber unbewusst.

Aus Sicht unserer Hunde gilt das gleiche. Wir kommunizieren ständig mit ihnen, sie ständig mit uns und das auf unterschiedlichen Ebenen, wie ich im letzten Kapitel gezeigt habe.

Daraus folgt, dass Menschen und Hunde in einem ständigen Hin und Her von „Botschaften senden", „Botschaften empfangen", „Botschaften entschlüsseln", „eine eigene Botschaft vorbereiten" und „diese Botschaft senden" leben. Kommunikation findet *immer* statt, ständig „redet" einer und der andere „hört zu"

Sie wissen selbst, dass es alleine beim Sprechen und Zuhören schon unter uns Zweibeinern kompliziert wird. Sowohl das Senden von Botschaften als auch das richtige Hinhören ist weder selbstverständlich noch einfach. Wenn es bereits zwei Menschen schwerfällt, sich achtsam und bewusst zu unterhalten, obwohl sie ja die gleiche Sprache sprechen – wie verworren wird das Ganze dann, wenn das „Gespräch" zwischen Zwei- und Vierbeiner stattfindet? Richtig, sehr verworren, vor allem für unsere Hunde.

Während wir in Kursen lernen können, wie Hunde sich ausdrücken, und was sie uns mitteilen möchten, ist das unseren Vierbeinern nur sehr eingeschränkt möglich. Durch richtiges Training unter Berücksichtigung der Lerntheorie können sie Signale wie Worte oder Gesten „verstehen", indem sie im Kontext lernen, was mit den Signalen gemeint ist. Am Beispiel eines einfachen Kommandos wie dem Hörzeichen „Platz" wird deutlich, dass das Kommando „Platz" verknüpft wird mit einer vorbestimmten Reaktion des Hundes, nämlich dem Hinlegen. Das klingt banal, ist für den Hund aber schon eine echte Herausforderung. Aus menschlicher Sicht ist klar, er muss sich doch „nur" hinlegen. Aus Hundesicht ist gar nichts klar, er braucht Hilfe dabei, diese Verknüpfung zwischen gesprochenem Wort des Menschen und seiner eigenen Reaktion darauf in seinem Gehirn aufbauen zu können.

Signale bewusst einsetzen

In diesem Buch befasse ich mich jedoch nicht mit dem Aufbau eines Kommandos, dazu gibt es ausreichend Literatur und Videos im Internet. Ich möchte Ihnen vielmehr Signale ins Bewusstsein bringen, deren jeweilige Bedeutung Ihnen wahrscheinlich in der Form gar nicht klar war.

Gesten können eine Form der Kommunikation sein. Die emotionale Haltung dahinter bestimmt, wie der Hund sie versteht und darauf reagiert.

Es sind all die Gesten, Körperbewegungen, Blicke, Berührungen und Reaktionen im alltäglichen Umgang mit Ihrem Hund, die er permanent wahrnimmt und auf die er immer reagieren muss, da es sich für ihn um normale Kommunikationsformen handelt – Hunde „reden" so.

Im Grunde ist Kommunikation ganz leicht: Sagen Sie Ihrem Hund in einer Sprache, die er versteht, was Sie ausdrücken wollen, wird er Ihnen zuhören und antworten.

Es stimmt in keinster Weise, dass manche Hunde nicht auf Ihre Menschen hören. Alle tun das. Ihre Reaktionen zeigen nur oft nicht das, was die Zweibeiner beabsichtigten – aber garantiert immer das, was die Hunde gehört hatten!

Was definitiv auch stimmt, ist, dass die meisten Menschen ihren Hunden nicht zuhören. Im Gegenzug erwarten sie aber, dass ihre Tiere immer ansprechbar sind. Das ist weder logisch noch fair und hat mit wertschätzender Kommunikation und einem guten Beziehungsstil nicht viel gemein. Wenn es das ist, was wir unseren Vierbeinern beibringen können, dann wundere ich mich eher darüber, wie gut die Kommunikation trotz allem noch funktioniert. Das liegt dann aber wohl mehr am Wohlwollen und der Kompromissfähigkeit der Hunde als an der Kompetenz ihrer Menschen. Da Sie sich ja bereits auf den Weg gemacht haben, eindeutiger und bewusster mit Ihrem Hund zu kommunizieren, gehen Sie für andere Menschen als gutes Beispiel voran – Hut ab dafür!

Was kann aus hündischer Sicht ein **Signal mit einer Botschaft** sein?

- Den Hund anschauen, den Blick von ihm abwenden
- Ihn freundlich, unsicher, genervt anschauen; Lächeln, Fixieren
- Mit hoher, heller Stimme oder mit tiefer, drohender Stimme sprechen.
- Den eigenen Blick auf einen Reiz richten, am Reiz vorbeischauen, sich vom Reiz abwenden
- Die Schultern drehen, nach vorne neigen, zurücknehmen, hochziehen, sinken lassen
- Den Körper drehen, mit Bewegung des Kopfes oder ohne, mit Veränderung der Fußstellung oder ohne
- Den Körper aufrichten oder neigen
- Sich auf den Boden setzen oder vom Boden aufstehen
- Das Tempo und die Dynamik einer Bewegung: langsam, schnell, sicher, vorsichtig
- Eine Arm- oder Handbewegung
- Auf den Hund zu- oder weggehen, Distanz halten, sich abwenden im Kontakt, sich zuwenden im Kontakt
- Vorwärtsgehen
- Rückwärtsgehen
- Den Hund anfassen; eine Berührung beenden

Die Liste ließe sich noch beinahe endlos fortführen, ich kürze das jedoch ab: Alles, was Sie tun oder von sich zeigen, kann eine Mitteilung an Ihren Vierbeiner sein. So wie alles, was er tut oder von sich zeigt, eine Mitteilung an Sie sein kann. Die **einzelnen Signale** treten dabei immer **in Kombination** auf, also einem bestimmten Blick folgt auch eine entsprechende Körpersprache, einem Kommando eine bestimmte Bewegung oder Haltung, der Mimik folgt eine entsprechende Stimme usw. Diese teils deutlichen, teils sehr feinen Signale unterteile ich in den nächsten Absätzen in verschiedene Bereiche. Sie werden dann schnell erkennen, wie viele Botschaften Sie Ihrem Hund unbewusst senden. Missverständnisse entstehen dann dadurch, dass Sie häufig zwei gegensätzliche Botschaften in ein Signal packen, ohne es zu merken. Die Reaktion Ihres Vierbeiners würde es Ihnen zeigen, aber Sie denken ja, Sie hätten ihm eindeutig gezeigt, was Sie meinen. Vermutlich sehen Sie den Fehler beim Hund, statt sein Feedback zum Anlass zu nehmen, die Qualität Ihrer Botschaft zu überprüfen und zu verbessern.

Sobald Ihnen bewusst ist, womit und wie Sie aus Sicht Ihres Hundes kommunizieren, können Sie dieses neue Wissen in die Praxis übertragen. Wir konzentrieren uns für ein besseres Verständnis aber auch hier auf die größeren Zusammenhänge. Konkrete Deutungen von einzelnen Kommunikationselementen sind tatsächlich immer nur in der jeweiligen Situation möglich, in der sie auftreten. Im Kapitel ab Seite 147 fügen wir alle Erkenntnisse dann zusammen.

Kommunikation durch Stimme und Worte

Die üblichste Form der Kommunikation unter Menschen ist bekanntlich das Sprechen und Zuhören. Da wir uns darin zu Hause fühlen, verwenden wir diese Art der Kontaktaufnahme auch ganz selbstverständlich bei Hunden.

Daran ist nichts verkehrt. Selbst, wenn viele Menschen der Meinung sind, ein Hund könne nur einzelne Worte und klare Kommandos verstehen, finde ich überhaupt nichts verkehrt daran, mit ihnen auch in ganzen Sätzen zu sprechen. Dabei bin ich mir natürlich bewusst, dass der Inhalt des Satzes in Form der Wörter nicht so beim Hund ankommt, als könne er jedes einzelne Wort verstehen. Der Grund, warum ich diese Form der Kommunikation mit Hunden sehr gerne einsetze, ist ein anderer.

Worte und innere Haltung

Was wir sagen und wie wir es sagen, beeinflusst unsere innere Haltung und damit die Art, wie wir uns fühlen. Sie können nicht freundlich auf Ihren Hund einreden und gleichzeitig innerlich eine aggressive Haltung einnehmen oder wütend und frustriert sein. Was natürlich im Alltag sehr häufig vorkommt ist, dass die Worte Freundlichkeit ausdrücken, Ihre Körperbewegung und Körperhaltung dem Hund aber das Gegenteil vermitteln.

Ein Beispiel: Eine typische Situation, in der gegenteilig kommuniziert wird, ist der Moment des Anleinens. Der Mensch ruft seinen Hund freundlich zu sich, geht dabei aber frontal auf ihn zu, beugt sich von vorne über ihn und greift um seinen Kopf zum Halsband oder auf den Rücken zum Geschirr und leint dann an.

Aus Sicht des Hundes sind das zwei Botschaften, die sich in seiner Welt gegenseitig ausschließen würden: „Meine Worte und meine innere Haltung sind wohlwollend und freundlich zugewandt, mit meiner Körpersprache und Bewegung zeige ich dir aber, dass ich deine Annäherung nicht dulde und darauf mit einer Dominanzgeste reagiere.“ In der Kommunikation mit seinem Menschen ist der Vierbeiner nun gezwungen, abzuschätzen, welches der beiden Signale für ihn das Maßgebende ist – annähern oder Abstand halten.

Die Folge sind dann mehr oder weniger deutliche Unterwürfigkeitssignale und -gesten des Hundes wie Schlecken, Blinzeln, Schmatzen, sich abducken, sich abwenden usw. oder er äußert direkt seinen Konflikt mit Stresssignalen oder Übersprunghandlungen. Nicht wenige Hunde entwickeln daraus auch ein aggressives Verhalten gegenüber ihren eigenen Menschen, da sie sich anders nicht mehr zu helfen wissen.

Worte und Körpersprache

Kritisch sehe ich allerdings das Konditionieren eines Hundes auf die gängigen Kommandos, ohne die Bedeutung der Körpersprache und der inneren Haltung zu kennen. Die übliche Form der Ausbildung eines Hundes sieht ja so aus, dass Kommandos so lange trainiert werden, bis der Vierbeiner die Verknüpfung zwischen einem Wort und seinem eigenen Verhalten sicher verankert hat. Das ist ein bisschen wie das Auswendiglernen etwa von Vokabeln. In der Zeit des Trainings ist es dann aber in der Regel so, dass der Mensch auf dem Ausführen des Kommandos besteht, ohne die Reaktion des Hundes als Botschaft an ihn wahrzunehmen oder gelten zu lassen.

Immer wieder sehe ich, dass im Training mehr Wert darauf gelegt wird, die Gesetze der Lerntheorie einzuhalten, statt den echten Dialog zwischen Zwei- und Vierbeiner in den Mittelpunkt zu stellen. Dabei geht es dann um den richtigen Zeitpunkt der Bestätigung oder des Lobes, um die Konsequenz, die man einhalten muss und dem Befolgen eines genauen Trainingsplanes.

Bevor ich Sie in einem gemeinsamen Training darin anleiten würde, wie man einem Hund ein Kommando beibringt, würde ich Ihnen zeigen, wie viele Signale Sie Ihrem Vierbeiner senden, die ihm im „Gesamtpaket" die Chance nehmen, Sie zu verstehen. Das nächste Lernziel wäre, dass Sie sich Ihrer Ausdrucksweise bewusst werden, um diese dann gezielt einzusetzen. Am Ende würden Sie merken, dass Ihr Hund sich ganz selbstverständlich hinlegt, wenn Sie ihn darum bitten, zum Beispiel mit folgenden Worten: „Leg' dich bitte mal irgendwo hin, du hast jetzt Pause, und ich sage dir Bescheid, wann es weitergeht."

Klingt nach Zauberei? Nein, die Botschaft „Leg' dich hin." vermitteln Sie ihm über Ihre innere Stimmung, Ihre bewusste Kommunikation über Körpersprache, Blicke und Bewegung und durch das Vertrauen, dass Ihr Hund all das versteht. Die üblichen Kommandos „Platz" und „Bleib" werden dann überflüssig.

Die Sprache als Ausdrucksmittel möchte ich Ihnen nicht nehmen. In der Zeit, in der ich mein erstes Buch geschrieben habe, war ich noch davon überzeugt, dass wir am besten ganz ohne Worte mit Hunden kommunizieren. Das revidiere ich heute und vermittele Ihnen stattdessen, wie Sie Worte und Sätze gezielt einsetzen können, ohne den Hund auf Kommandos trainiert zu haben.

Die nächsten Absätze machen deutlich, wie das aussehen kann.

Kommunikation durch Blickkontakt

In der zwischenmenschlichen Kommunikation gilt es als höflich, den anderen anzuschauen, während man mit ihm spricht. In der Kommunikation von Mensch zu Hund sieht das etwas anders aus.

Blickkontakt herstellen

Aus einem Blickkontakt, den man mit seinem Vierbeiner aufnimmt, kann im günstigsten Fall eine Einladung, im ungünstigsten Fall jedoch auch eine Bedrohung werden – je nachdem, was man als Sender einer Botschaft beabsichtigt. So wäre es also gut zu wissen, in welchen Momenten man einen **Blick als Signal** einsetzt und wann man es besser nicht tun sollte.

Gehen wir daher die Bedeutung von Blicken und die Herstellung von Blickkontakt Schritt für Schritt durch. Da ist zuallererst der Moment, in dem Sie Blickkontakt zu Ihrem Vierbeiner aufnehmen. Das ist weder richtig noch falsch, es ist einfach nur ein Blickkontakt. Es hängt von der Situation und von Ihrem Grund ab, warum Sie diesen herstellen, und was der Hund in dieser Kontaktaufnahme sieht.

Ein Beispiel: Nehmen wir an, Sie treffen auf einer Gassirunde auf einen Artgenossen und stellen in dem Moment, in dem Ihr Hund den anderen erblickt, Blickkontakt zu Ihrem Vierbeiner her. Das kann je nach Stimmungslage für Ihren Hund bedeuten, dass Sie ihn auffordern, sich um den potenziellen Konkurrenten zu kümmern. Wenn daraus dann eine Leinenaggression entsteht, tut Ihr Hund aus seiner Sicht genau das, was Sie ihm „gesagt" haben.

Das ist aber nicht automatisch so, denn die Kommunikationsform „Blick" kann nicht losgelöst von der dahinterstehenden **Absicht** betrachtet werden: Die Reaktion auf den Blickkontakt in dieser Beispielsituation hängt auch von Ihrem Grund ab, aus dem heraus Sie den Blickkontakt herstellen. Beabsichtigen Sie, Ihrem Hund zu zeigen, dass er sich nicht kümmern muss und kombinieren Sie den Blick mit einer eindeutigen Körperhaltung und einer unterstützenden Bewegung, dann können Sie den Blick nutzen, um eine Eskalation zu verhindern. Fühlen Sie sich aber gezwungen, Ihren Vierbeiner mit diesem Blick zu kontrollieren, weil Sie befürchten, dass er gleich ausflippt, dann sagen Sie ihm damit, er soll es tun.

Das Ziel einer guten Kommunikation: Mensch und Hund können sich offen anschauen, ohne dass einer den Blickkontakt unterbrechen muss.

① Die Körpersprache, die Bewegung und die Energie ihres Menschen stoppt Yuma. Sie achtet auf ihn und versteht genau.

② Das Kommando „Sitz“ ist nicht nötig, denn die Briardhündin zeigt dieses Verhalten von sich aus – weil es aus ihrer Sicht Sinn macht.

Das ist aus Menschensicht nicht logisch, für Hunde aber eine ganz natürliche Art der Kommunikation: Blicke können eine einschränkende, maßregelnde Wirkung haben, sie können aber in einem anderen Zusammenhang auch die Funktion haben, ein Verhalten auszulösen. Das Wissen darum hilft aber schon einmal, sich der Wirkung von Blicken bewusst zu werden. So haben Sie die Möglichkeit, sich selbst im Alltag daraufhin zu beobachten, wie oft, in welchen Situationen und mit welcher Absicht Sie Ihren Hund anschauen.

Blickkontakt aufgeben

Wenn das Herstellen von Blickkontakt eine Signalwirkung hat, dann muss es doch auch eine Wirkung haben, den Blick zu unterbrechen oder aufzugeben. Ja, das ist auch so. Doch wieder ist es nicht so leicht, wie es sich anhört. Denn auch hier spielt der Kontext und die Absicht eine entscheidende Rolle.

Geben Sie einen Blickkontakt zu früh auf, kann das genauso negative Konsequenzen haben, wie ihn zu lange zu halten. Die Bedeutung von Blicken ist für Hunde in deren Sprache einfach so groß, dass sie zum einen sehr genau darauf achten und zum anderen sehr schnell darauf reagieren – egal in welche Richtung. **Ein Beispiel:** Greifen wir die oben geschilderte Situation nochmals auf. Nehmen wir an, Sie schränken Ihren Hund mit einer Kombination von Blickkontakt und Körpersprache ein und er akzeptiert Ihre „Vorgabe“, sich nicht mehr zu bewegen. Jetzt geben Sie den Blickkontakt aber auf, um zu kontrollieren, wo sich der entgegenkommende Hund befindet. Damit bewirken Sie nun eventuell, dass Ihr Hund Ihren Blicken folgt und seine Aufmerksamkeit nun auch bei dem anderen

Vierbeiner liegt. Je nachdem, wie dieser nun reagiert ist der weitere Verlauf vorhersehbar.

Halten Sie den Blickkontakt aber zu lange, obwohl Ihr Hund Ihnen schon lange signalisiert, dass er verstanden hat und gerne sowohl aus dem Kontakt mit Ihnen als auch aus der Begegnung mit dem Artgenossen aussteigen möchte, dann löst ein zu lange aufrechterhaltener Blick vielleicht ein Übersprungverhalten oder eine andere Strategie bei ihm aus, mit der er seinen aufkommenden Stress abbauen will. Wenn Ihnen die Zusammenhänge nun nicht bewusst sind, verwechseln Sie den Stress Ihres Vierbeiners mit seinem Unwillen, Ihnen zu gehorchen und das löst erneuten Druck aus – der führt zu noch mehr Stress.

An dieser Stelle bekommt auch Ihre **Atmung** eine große Bedeutung. Ob Sie flach oder tief in den Bauch atmen, den Atem zu einem bestimmten Zeitpunkt anhalten, um dann einen kurzen Moment später deutlich auszuatmen – Ihr Hund erkennt darin, ob Sie sicher und souverän oder unsicher und angespannt sind. Eine einfache Formel lautet: Wenn Sie Ihren Blick nutzen, um Ihren Vierbeiner einzuschränken, dann halten Sie den Atem eher einen Moment an. Wenn Sie den Blick dann abwenden, um den Druck der Einschränkung zu lösen, atmen Sie in dem Moment deutlich aus und entspannen damit vor allem Ihre Bauchmuskulatur. Ihr Hund spürt diese Entspannung sofort und kann sich in der Folge auch besser entspannen.

Alleine die **Balance zwischen Hin- und Wegschauen** macht oft schon die Qualität eines „Gesprächs" zwischen Menschen und Hunden aus. Es erfordert eine

① Die zwei lernen mich gerade erst kennen. Sie zeigen ein für Hunde typisches Begrüßungsverhalten – unterwürfiges Annähern und Schnüffeln.

② Statt sie anzufassen oder anzusprechen, wende ich den Kopf ab. Beide bleiben ruhig, da ich sie in ihrer „Sprache" begrüße.

gehörige Portion Selbstbeobachtung und Selbstbeherrschung, die Blicke und die damit verbundene Aufmerksamkeit, die man einem Hund damit schenkt, bewusst und diszipliniert einzusetzen. Beginnen Sie damit, dass Sie beobachten, wie oft Sie Ihren Hund anschauen und wie er in den verschiedenen Momenten darauf reagiert. Nehmen Sie sich dazu unbedingt das letzte Kapitel ab Seite 64 noch einmal zur Hand, um die Signale des Hundes in diesen Situationen zu erkennen und richtig zu deuten.

Der neutrale Blick

Das war ein kleiner Ausflug in die Welt der natürlichen Kommunikation mit Hunden. Die Konsequenz hieraus ist aber nicht, dass Sie Ihren Vierbeiner nicht mehr anschauen dürfen. Ich sehe in einem **neutralen Blickkontakt** zwischen Zwei- und Vierbeiner auch die Qualität der Beziehung und die Tiefe der Verbundenheit. Die Frage ist mehr, ob Sie aus Sicht Ihres Hundes „nur" schauen oder ob er in Ihrem Blick eine Botschaft sieht. Ein Blick sollte so neutral wie möglich sein, es sei denn, Sie setzen den Blickkontakt als Mittel der Kommunikation ein.

Entscheiden ist hier aber, dass dieser Blickkontakt die Bedeutung von Zuwendung und Absprache im positiven Sinne hat. Diese Blicke lösen weder eigenmächtiges noch nervöses oder gar aggressives Verhalten aus. Ein Hund, der seinem Menschen auf ganzer Ebene vertraut, der findet in dem Augenkontakt zu seinem zweibeinigen Partner auch Halt und Orientierung.

Deshalb macht es Sinn, einen neutralen Blickkontakt „zu trainieren". Das Training betrifft dabei weniger die Aufmerksamkeit des Hundes, sondern jene, die Sie im Moment des Blickkontakts Ihren eigenen Gedanken und Gefühlen schenken.

Was meine ich damit? Wenn ich also davon spreche, einen neutralen Blick zu trainieren, dann ist das vielmehr im Sinne einer Meditation gemeint: Sie schauen Ihren Hund an, verfolgen damit aber keine besondere Absicht – außer, Ihren Hund anzuschauen. Sie fordern nichts, Sie interpretieren nichts, Sie wünschen auch nichts.

Weniger hilfreich finde ich deshalb die „Aufmerksamkeitsspielchen", die oftmals hierfür empfohlen werden. Diese Spiele sorgen häufig für eine viel zu hohe Erwartungshaltung des Hundes, die sich in aufgedrehtem Verhalten und Nervosität während der Übung zeigt.

Den Blickkontakt auf der Grundlage der natürlichen Kommunikation trainiere ich, indem ich den Blick an eine **neutrale und zugewandte Haltung** koppele. Ein ruhiges Sozialspiel, wie ich es Ihnen auf der hinteren Klappe des Buchumschlages vorstelle, ohne hohe Motivation durch Futter oder Spielzeug ist eine wundervolle Möglichkeit dazu.

Kommunikation durch Bewegung

Das ist der zweite große Bereich, der für Hunde eine enorme Bedeutung in der Kommunikation hat, von Menschen aber entweder nicht bewusst wahrgenommen, falsch gedeutet oder missverständlich eingesetzt wird.

Sicherer Stand

Die eindeutigste Bewegung, die Sie machen können, um Ihrem Hund zu zeigen, was Sie ihm vermitteln wollen, ist: sicher stehen! Mit beiden Füßen parallel zueinander und die Füße in einem Abstand, der ungefähr Ihrer Schulterbreite entspricht, einfach nur stabil dazustehen vermittelt dem Hund **Ruhe und Stabilität**. Das ist die erste „Bewegung", die Sie lernen müssen, wenn Sie mit Ihrem Vierbeiner über eine klare Körpersprache kommunizieren möchten.

Das klingt vielleicht etwas ulkig, ist aber völlig ernst gemeint. Wenn Sie sich das nun etwas näher betrachten, dann wird Ihnen die Bedeutung sicher schnell klar. Der sichere und stabile Stand vermittelt dem Hund eben genau das – Sicherheit und Stabilität, und zwar bei Ihnen. Wenn Sie jetzt noch Ihren Blick, die Blickrichtung und Ihre eigene Atmung unter Kontrolle haben, dann kann eigentlich nicht mehr viel schiefgehen.

Probieren Sie es aus! Stellen Sie sich bitte so hin, wie ich es oben beschrieben habe: Füße parallel und etwa schulterbreit zueinander. Jetzt verändern Sie die Fußstellung mal zur Seite, mal einen Fuß vor und den anderen zurück, dann enger oder weiter stehend. Nehmen Sie die Veränderungen in Ihrem Stand wahr? Und nun versetzen Sie sich in Ihren Hund und stellen sich die Frage, bei welcher Position Ihrer Füße Sie sich am sichersten fühlen würden.

Das heißt: Bevor Sie Ihrem Hund über Bewegung Signale senden, starten Sie mit dem wichtigsten Signal – Ruhe und Standfestigkeit. Die äußere Haltung spiegelt dabei natürlich auch Ihren inneren Zustand wider.

Aus Sicht unserer Vierbeiner bewegen wir uns leider oft uneindeutig, ohne Bewusstsein für die Wirkung unserer Bewegung und dadurch eben sehr häufig irritierend und missverständlich. Unsere Vierbeiner haben alle Hände voll damit zu tun, alleine unsere Bewegungen einzuschätzen, richtig zu deuten und angemessen darauf zu reagieren. Um ihnen diesen Umstand etwas leichter zu machen, ist es nötig, dass Sie sich der Bedeutung Ihrer Bewegung für Ihren Hund bewusst werden.

Im Folgenden unterscheide ich zwischen den Bewegungen, die man alleine mit dem Körper oder den Gliedmaßen vollbringt und den Bewegungen „im Raum". Ich erläutere später, was mit dieser vielleicht seltsam klingenden Aussage „im Raum" gemeint ist. Aber schauen wir uns zunächst den ersten Teil an – die Bewegungen Ihres Körpers.

Bewegung des Körpers

Am besten beobachten Sie sich in den nächsten Tagen immer wieder einmal bewusst selbst dabei, wie Sie sich bewegen. Beginnen Sie im sicheren Stand und setzen Sie sich dann in Bewegung. Achten Sie dann auf die folgenden Punkte:

- Wie groß sind Ihre Schritte, wenn Sie vorwärtsgehen?
- Wie hoch ist Ihr Grundtempo in der Bewegung?
- Nehmen Sie eine Neigung in Ihrem Oberkörper wahr – nach vorn oder nach hinten?
- Schwanken Sie beim Gehen mit dem Oberkörper?
- Ist Ihr Oberkörper auffällig aufrecht?
- Überprüfen Sie Ihre Schulterpartie – hochgezogen oder hängend?

- Sind Ihre Bewegungen eher weich und fließend oder kantig und reduziert?
- Wie treten Sie mit den Füßen auf? Schweben Sie mehr oder stapfen Sie auf den Boden?
- Laufen Sie auf einer geraden Linie, oder weichen Sie nach rechts und links davon ab?
- Was machen Ihre Arme beim Gehen? Sind sie nah und ruhig am Körper, oder bewegen Sie Ihre Arme beim Gehen auffällig deutlich mit?
- Wie fühlt sich Ihre Muskulatur an, vor allem an Bauch, Schultern und Rücken? Ist sie locker oder verspannt?
- Wie bewusst atmen Sie beim Gehen? Atmen Sie flach und kurz oder tief und lang?

In dieser Aufzählung sind nur die Bewegungen erwähnt, die bei einem normalen, entspannten Vorwärtsgehen beteiligt sind. Wenn wir jetzt eine Stresssituation kreieren würden oder uns anschauen, was sich im Spiel mit einem Hund verändern kann, ließe sich die Liste unendlich fortführen. Ich möchte Ihnen ja auch „nur“ ein Bewusstsein für Ihre Wirkung verschaffen, damit Sie eine Chance haben zu erkennen, dass Ihr Hund in vielem was er tut, einfach nur auf das „hört“, was Sie ihm sagen!

Der letzte genannte Punkt, in dem ich Ihre Atmung anspreche, hängt unmittelbar damit zusammen: Mit Ihrer Atmung können Sie viele Ihre inneren und äußeren Bewegungen steuern. Sie ist aber auch ein Werkzeug zur Diagnose, wie es Ihnen gerade allgemein geht. Was auch immer ansteht – eine bewusste und ruhige Atmung ist die Basis für eine ruhige Kommunikation mit Hunden.

Bewegungen im Raum

Die Art, wie Sie sich bewegen, hat also schon einen enormen Einfluss auf den Hund. Alleine darin stecken für ihn zahlreiche Informationen, aus denen er Schlüsse über Sie, Ihre Rolle, Ihre Absicht und die Situation als solche zieht.

Nun kommt zu dem *Wie* der Bewegung noch der Aspekt des *Wohin* geht die Bewegung. Was ist damit gemeint?

Ein bekanntes **Beispiel** aus dem Alltag: Sie treffen bei der Gassirunde auf einen

Hunde nehmen permanent Signale ihrer Menschen wahr. Diego zeigt mit seiner Anspannung, dass auch seine Halterin ein wenig aufgeregt ist.

entgegenkommenden Hund. Da Sie wissen, dass Ihr Vierbeiner eventuell auf den Artgenossen reagiert – egal ob freundlich oder aggressiv – entscheiden Sie sich zu einer der folgenden möglichen Verhaltensreaktionen:

- Sie stellen sich vor Ihren Hund und fordern ihn auf, Sitz zu machen oder Sie anzuschauen.
- Sie blockieren den Weg Ihres Vierbeiners nach vorne und erwarten, dass er hinter Ihnen bleibt.
- Sie schneiden Ihrem Hund den Weg ab und versuchen, in einem Bogen am anderen Vierbeiner vorbeizukommen.
- Sie lassen die Leine lang, entfernen sich von Ihrem Hund und geben ihm zu verstehen, dass er mit Ihnen kommen soll.
- Sie nehmen die Leine kurz und gehen einfach weiter, als wäre der andere Hund nicht vorhanden.

Welche Variante ist die sinnvollste? Darauf gibt es leider keine eindeutige Antwort, denn: Keine dieser Verhaltensweisen ist richtig, keine ist falsch. Alle können zum Ziel führen, alle können eine Eskalation auslösen. Das hängt davon ab, was genau Ihrem Hund Probleme macht, was er für sich braucht und welche Absicht Sie mit Ihrer Reaktion verfolgen.

Im Rahmen eines solchen Buches kann ich Ihnen nur durch die Bilder, die ein solches Beispiel liefert, verdeutlichen, was in einer solchen Situation alles passiert, und was im Verhalten Ihres Vierbeiners und in Ihrer Reaktion darauf sichtbar wird. Für

① Wie bereits auf Seite 131 zeigt der Halter Yuma mittels Körpersprache und Geste, dass sie langsamer werden soll. Doch dieses Mal ist seine Haltung weicher.

② Er löst die Einschränkung sofort wieder mit einer einladenden Geste der rechten Hand, wodurch Yuma ihm aufmerksam und ruhig folgen kann.

ein leichteres Verständnis muss ich die Situation verallgemeinern.

Erinnern Sie sich an das erste und grundlegendste der wahren Bedürfnisse unserer Hunde? Richtig – der **sichere Raum** (siehe Seite 37)! Dieser sichere Raum gerät durch die Begegnung mit dem Artgenossen in Unordnung, vielleicht sogar in Gefahr. Darauf reagiert der Hund und versucht, irgendwie die Ordnung wieder herzustellen. Unter diesem Aspekt betrachtet, existiert das Problem mit dem entgegenkommenden Vierbeiner im Grunde gar nicht. Durch den anderen wird nur sichtbar, wie es um den sicheren Raum bestellt ist.

Sie können diesen sicheren Raum für Ihren Vierbeiner schaffen, indem Sie sich bewusst bewegen. Das sollten Sie allerdings nicht erst tun, wenn Ihr Hund schon entschieden hat, wie er mit dem Stress umgeht, sondern lange vorher. Um diesen sicheren Raum zu schaffen muss Ihnen zudem klar sein, wohin Sie sich bewegen müssen, damit Ihr Vierbeiner auch wahrnimmt, dass Sie alles im Griff haben.

Bewegung folgt dem Bedürfnis

Nun wird es leider wieder etwas verwirrend, denn es gibt nicht die eine richtige Richtung. Wohin Sie sich bewegen müssen, hängt davon ab, worin Ihr Hund eine Lösung des Problems sieht. Ich habe im Training viele Werkzeuge in meinem Repertoire – lange Leine, kurze Leine, Hund blockieren, Hund Freiraum geben, Blickkontakt zum anderen unterbrechen, Blickkontakt zum anderen belohnen, Absitzen und Blick zu mir, Raum geben und Kontakt zum anderen Hund ermöglichen und vieles andere mehr. Sie können die verschiedenen Werkzeuge ohne Weiteres gemeinsam mit Ihrem Hund ausprobieren und selbst erfahren, wie er auf das eine oder andere reagiert. Ich rate Ihnen aber dringend, das in einer entspannten Situation zu tun, und nicht erst, wenn Sie und Ihr Hund sich bereits in einer aufgeregten oder angespannten Lage befinden.

Ihre **Bewegung** muss also dem **Bedürfnis** Ihres Vierbeiners folgen! Deshalb sind mir die Zusammenhänge zwischen den wahren Bedürfnissen, der Ausdrucksweise der Hunde, der menschlichen Deutung und der unbewussten Kommunikation von Seiten des Menschen so wichtig. Fehlt nur ein Puzzleteil im Gesamtbild, ist das Bild einfach nicht vollständig. Fehlen mehrere, dann haben einzelne Teile keinen Bezug mehr zum Gesamtbild.

Für den Moment genügt es mir, wenn Ihnen bewusst ist, dass zwei Richtungen in zwei verschiedenen Zusammenhängen für unsere Hunde eine große Signalwirkung haben: Sie bewegen sich in den Raum Ihres eigenen Hundes hinein oder von ihm weg. Das eine hat eine völlig andere Bedeutung als das andere. Sie bewegen sich im „offenen Raum“ auf den Raum eines anderen zu oder weichen diesem aus.

Das klingt sehr technisch und abstrakt. Die Beispiele aus dem Alltag im nächsten Kapitel (ab Seite 147) helfen Ihnen, das zu verstehen. Dieser Teil der unbewussten Kommunikation von Zwei- zu Vierbeinern spielt die größte Rolle bei der Frage, wie denn dieser sichere Raum, den Hunde sich bei ihren Menschen wünschen, entstehen kann. Die nächste Kommunikationsform trägt einen entscheidenden Teil dazu bei.

Kommunikation durch Nähe und Distanz

Haben Sie schon einmal von einem Trainer oder einem Hundehalter den Rat gehört, Sie sollen Ihren Vierbeiner allgemein oder in bestimmten Situationen öfters ignorieren? Ich halte die Wortwahl für unglücklich, denn der Begriff vermittelt nicht das, was sich eigentlich dahinter verbirgt.

Ignorieren als Kommunikationsmittel

„Den Hund ignorieren“ vermittelt den Eindruck, als sei das ein Mittel zur Bestrafung des Tieres. Dieser Ratschlag wird deshalb auch in Situationen angebracht, in denen sich der Vierbeiner vermeintlich unangemessen, zu aufdringlich oder respektlos verhält. Ein klassisches Beispiel ist die stürmische Begrüßung von Besuchern, die den Hund dann ignorieren sollen, damit dieser nicht auch noch Aufmerksamkeit für sein Fehlverhalten erhält.

Dabei geht es tatsächlich um etwas völlig anderes. Das **Ignorieren** als Mittel, Hundeverhalten zu beeinflussen, ist in der **Kommunikation unter Hunden** eine Mischung aus Blickkontakt vermeiden bzw. aufgeben, in Kombination mit einer kraftvollen, souveränen und dennoch neutralen Körperhaltung. Es handelt sich also um einen ganz wesentlichen Teil der Kommunikation, in dem das Ignorieren vielmehr ein bewusstes Signal an den anderen ist. Übertragen auf das Beispiel „Besuch an der Haustüre und dem stürmischen Verhalten“ wären der abgewendete Blick und die aufrechte und leicht abgewandte Körperhaltung des Menschen die angemessene Reaktion auf das unterwürfige Verhalten des Hundes gegenüber den Besuchern. Erinnern Sie sich an die Aussagen des Kapitels „Was Hunde uns mitteilen“, ab Seite 63, und die darin erklärten Signale der Unterwürfigkeit und der Aggression? Da sind sie wieder.

Nähe und Distanz

Im Grunde geht es in diesen Situationen, in denen Haltern zum Ignorieren des Hundes geraten wird, um die Bedeutung von Nähe und Distanz für die Kommunikation zwischen Zwei- und Vierbeinern. Damit ist die Frage verbunden, was Menschen mit der Kontaktaufnahme zu einem Hund – also dem Zuwenden mit Blickkontakt, entsprechender Körperhaltung und oft auch Ansprechen des Tieres – ausdrücken. Im Gegenzug stellt sich dann die Frage, wie ein Mensch Distanz halten und herstellen in der Kommunikation mit Hunden einsetzen kann.

Ganz, ganz, ganz vereinfacht bedeutet **Nähe herstellen** = Unterwürfigkeit oder Ebenbürtigkeit signalisieren und **Distanz halten bzw. herstellen** = Souveränität und Führungsqualität demonstrieren. Ein sicherer Raum entsteht aus Sicht der Hunde also dadurch, dass ich meinen Vierbeiner weder ständig nah an mich ran- noch zu weit von mir weglasse. Nah und weit sind in dem Fall wieder relativ. Was zu nah und was zu weit ist hängt von vielen Faktoren ab – Alter und Größe des Hundes, Typ oder Rasse, Herkunft und Umgebung, Persönlichkeit usw.

Es ist nicht entscheidend, was wir darunter verstehen. Das **Maß der Dinge** sind die **Rückmeldungen der Hunde** und wie viel Nähe und Distanz für sie gut ist. Sie erkennen ein ausgewogenes Maß von Nähe und Distanz daran, dass Ihr Vierbeiner sich in allen Lebenslagen entspannt und sicher bewegt. Gibt es irgendwo ein Problem, dann können Sie davon ausgehen, dass das Thema Nähe und Distanz eine Rolle spielt – mal weniger, mal mehr.

Je nach Zusammenhang kann Nähe Bindung fördern, aber eben auch Vertrauen verhindern. Am Ende eines Sozialspiels beispielsweise gehört das Kontaktliegen und körperliche Zärtlichkeiten wie Knabbern und Lecken – das sogenannte Grooming – zur Verbundenheit und zum Vertrauen dazu. In anderen Situationen kann das aber auch kontraproduktiv sein, etwa wenn sich Ihr Hund auf dem Sofa quer über Sie legt oder vermeintlich penetrant „Streicheleinheiten" einfordert. Das hat in sehr vielen Fällen mit Bindung, Zuneigung und Vertrauen nichts zu tun, sondern ist vielmehr ein Ausdruck für Missverständnisse der unterschiedlichsten Art.

Konsequenz für die Bindung

Bewusst habe ich das vorangehende Kapitel vor „Kommunikation durch Nähe und Distanz" gestellt. Nehmen Sie nun mit Ihrem aktuellen Wissensstand den Titel des Buches *Hunden richtig zuhören* bitte noch einmal bewusst wahr, insbesondere vor dem folgenden Hintergrund: Wenn Sie sich Ihrem Hund annähern, er signalisiert Ihnen dabei deutliche Signale der Unterwürfigkeit oder sogar des Konflikts, und Sie gehen darüber hinweg und streicheln ihn trotzdem, weil das Ihr Bedürfnis ist – was ist das dann für ein Zuhören? Sie „fragen" ihn durch Ihren Blick, Ihre Körperhaltung und Ihre Annäherung, ob Sie näherkommen dürfen, er sagt „Nein, bitte nicht.", und Sie übergehen seine Antwort auf Ihre Frage.

Klar, Ihnen war bislang nicht bewusst, dass hier überhaupt ein Gespräch stattfindet, woher sollten Sie dann wissen, dass Sie „fragen" und der Hund „antwortet". Dann ist es auch logisch, die Antwort nicht oder falsch zu deuten. Nun könnten Sie das aber wissen. Was machen Sie daraus?

Setzen Sie diese Erkenntnis bewusst um, dann macht das eine Beziehung zu Ihrem Hund und eine Bindung vom ihm zu Ihnen möglich, von der Sie bislang

Sebastian ist kein Hund, der stundenlang kuscheln möchte. Trotzdem genießt er die Nähe zu mir sehr, da er darin auch Sicherheit findet.

nicht einmal zu träumen gewagt hätten. Sie können Nähe bewusst herstellen, aber auch bewusst untersagen. Sie können Distanz bewusst herstellen, aber auch wieder aufgeben. Hinter allem verbirgt sich eine sehr natürliche und kraftvolle Kommunikation, in der sich vor allem Ihre Haltung und Ihre Achtsamkeit dem Hund gegenüber ausdrückt.

Ist Ihnen ein respektvoller Umgang in beide Richtungen – vom Hund zum Menschen, aber auch vom Menschen zum Hund – wichtig, dann drückt sich diese Haltung unter anderem im Umgang mit Nähe und Distanz aus.

In meinen Kursen werde ich an dieser Stelle regelmäßig gefragt: „Wann darf ich meinen Hund denn dann überhaupt noch streicheln?"

Entscheiden Sie selbst, ob Ihr Hund aufs Sofa darf. Fragen Sie ihn aber bitte auch, was er möchte – und akzeptieren Sie seine Antwort!

Meine Antwort ist immer die gleiche: „Das solltest du nicht mich, sondern deinen Hund fragen. Ich kann dir nur zeigen, wie du ihn fragst, und ich kann dir seine Antwort übersetzen. Wenn du meiner Übersetzung nicht glaubst, dann interessiert dich auch die Antwort deines Hundes nicht."

Kommunikation durch Körperhaltungen und Positionen

In diesem Abschnitt gebe ich Ihnen weitere Beispiele für die alltägliche Kommunikation, die Sie jedoch vor dem Lesen dieses Buches höchst wahrscheinlich nicht dazugezählt hätten. Eigentlich sind sie mehr eine Kombination aus den vorangegangenen Elementen, werden aber oft sehr unbedacht eingesetzt und haben eine große Bedeutung für eine Kommunikation ohne Missverständnisse zwischen Zwei- und Vierbeinern.

Eben haben Sie von der Bewegung im Raum, auf den Hund zu oder von ihm weg, gelesen. In diesen Bereich gehört auch die Signalwirkung der folgenden zwei Haltungen und Gesten. Bei ihnen geht es nun aber um die Frage, welche Position Sie einnehmen und wie diese Haltung auf Ihren Hund wirkt.

Diese beiden unscheinbaren Situationen kommen im Alltag regelmäßig vor und lösen bei vielen Hunden eine Reaktion aus:

1. Sie setzen sich auf den Boden, auf einen Stuhl oder auf ein Sofa und Ihr Hund nimmt das wahr.
2. Sie stehen vom Boden, einem Sitzmöbel oder aus dem Bett auf.

Beide Bewegungen können aus Sicht Ihres Vierbeiners viel mehr sein als nur ein „Ich setze mich hin.“ oder „Ich stehe auf.“ Für Hunde bedeuten diese scheinbar belanglosen Handlungen immer eine Veränderung – entweder in Bezug auf die Rollenverteilung zwischen Mensch und Vierbeiner oder bezüglich der Energie, die auf eine dieser Veränderungen folgt. Diese drei Reaktionen von Hunden sind aus meiner Erfahrung sehr typisch:

- Viele Hunde werden unruhig, wenn ihr Mensch sich hinsetzt; insbesondere beim Setzen auf den Boden. Die Unruhe zeigt sich dann in unterwürfigem Verhalten oder auch in Stress- und Übersprungverhalten.
- Auf das Aufstehen reagieren diese Hunde oft geradezu erleichtert, weil aus ihrer Sicht die Rollen wieder klarer verteilt sind – der Mensch nimmt die Position des Führenden ein, der Vierbeiner kann sich ihm erneut anschließen und in dieser Rolle Sicherheit finden.
- Eine dritte Möglichkeit ist, dass eine Erwartungshaltung im Hund geweckt wird, die entweder Stress oder Vorfreude in ihm auslöst – je nach Qualität der Kommunikation, Beziehung und Bindung des Menschen zum Hund.

An der Reaktion Ihres Vierbeiners können Sie sehen, wie sicher die Beziehung zwischen Ihnen beiden ist. Je weniger Aufregung das eine oder das andere verursacht, desto sicherer fühlt sich Ihr Hund. Eine Veränderung Ihrer Haltung, Bewegung oder Position löst eben keine Notwendigkeit beim ihm aus, Sie zu maßregeln, zu beschwichtigen oder zu kontrollieren.

Bitte verstehen Sie mich richtig: Ich genieße es sehr, mit meinen Hunden am Boden zu sitzen und ihre Nähe zu spüren. Ob sich daraus ein Spiel ergibt oder wir einfach nur eine entspannte Zeit miteinander haben – beides ist möglich und in Ordnung. Das gleiche wünsche ich Ihnen und Ihrem Hund ebenfalls.

Mir geht es auch ganz sicher nicht darum, jede Kleinigkeit zu kritisieren oder hinter jedem Verhalten eine gestörte Kommunikation zu vermuten. Ich weiß aber, wie anspruchsvoll unsere Hunde bezüglich Klarheit und Verbindlichkeit sind und wie hoch ihre Abhängigkeit davon ist. Sie deuten aus unserem Verhalten, in welcher Rolle wir stehen, welche Aufgaben sich daraus ergeben, ob wir die demzufolge resultierende Verantwortung übernehmen und wie verlässlich wir dann in Zukunft in ähnlichen Situationen für sie sind.

Hunde sind den ganzen Tag damit beschäftigt, eine Ordnung zu erhalten. Mit ihrem Verhalten zeigen sie uns, ob diese Ordnung besteht und in unserem Verhalten sehen sie, ob wir das auch mitbekommen und entsprechende Entscheidungen treffen.

Für die Hunde geht es folglich um viel mehr als nur darum, gut zu kommunizieren. Ihnen sind die Absicht und das Ziel hinter einer guten Kommunikation wichtig. Sie möchten in ihren natürlichen Bedürfnissen gesehen und verstanden werden. Sie teilen uns also ihre Bedürfnisse mit, und wir sagen ihnen, ob wir diese befriedigen können.

Kommunikation durch innere Haltung und Überzeugung

Im letzten Teil dieses Kapitels möchte ich Ihren Blick langsam in Richtung „Umsetzung im Alltag“ und „Normalität“ lenken. Was ich Ihnen bis hierher vermittelt habe, waren alles Aspekte und Elemente der Kommunikation zwischen Menschen und Hunden, die ich mal mehr, mal weniger losgelöst vom Alltag beschrieben und gedeutet habe.

Gerne vergleiche ich das mit dem Autofahren: Vielleicht können Sie die Funktion der Bremsen erklären oder beschreiben, was im Motor passiert, wenn Sie aufs Gaspedal treten. Sie wissen vielleicht auch, welches Öl Sie verwenden und welchen Kraftstoff Sie tanken dürfen. Das bedeutet noch lange nicht, dass Sie Ihr Fahrzeug beherrschen und sicher im Straßenverkehr bewegen können. Dafür müssen Sie das Fahrverhalten Ihres Autos spüren und wahrnehmen, wie es sich auf der Straße verhält. Sie müssen gleichzeitig die Bedeutung der Schilder und Verkehrszeichen kennen und beachten sowie das Verhalten anderer einschätzen können.

Bei Hunden ist das ähnlich. Um Ihren Vierbeiner zu verstehen, müssen Sie „die Technik“ im Hintergrund beherrschen. Sie müssen wissen, welche Signale was bedeuten, wie sie übertragen und vom Gegenüber empfangen werden. Sie müssen sich Ihrer eigenen Signale bewusst sein und darauf achten, wie der Hund auf Sie reagiert.

Dieses Wissen sagt aber noch nichts darüber aus, mit welcher Haltung Sie Ihrem Vierbeiner begegnen. Ihre Haltung zeigt sich unter anderem in Antworten auf die Fragen:

- Wen oder was sehen Sie in Ihrem Hund?
- Welche Bedeutung hat er für Sie?
- Wofür „brauchen“ Sie ihn?
- Was erwarten Sie von ihm?
- Was denken Sie, was Ihr Hund von Ihnen braucht?
- Was tun Sie für ihn?
- Erkennen Sie alles, was der Hund für Sie tut?

Diese Fragen sind für mich die Grundlage dafür, den eigentlichen Schatz, der im Miteinander von Hunden und Menschen liegt, zu erkennen.

Wenn Sie bereit sind, sich mit diesen Fragen zu beschäftigen, dann bringen Sie die Haltung mit, die Sie brauchen, um eine emotionale Verbindung zu Ihrem Hund auf einer tieferen Ebene einzugehen.

Ob Sie diesen Schatz heben können, hängt davon ab, wie tief Sie zu „graben“ bereit sind. Bis zu dieser Stelle des Buches habe ich Ihnen das Werkzeug dafür vorgestellt und Ihnen gezeigt, wie Sie es anwenden können. Ich habe Ihnen auch die Stellen beschrieben, wo Sie „graben“ sollten, um wirklich fündig zu werden.

Im nächsten Schritt führe ich Sie an die Stellen, wo die Schätze verborgen sind. Diese sind gar nicht so weit entfernt, wie Sie vielleicht denken. Genau genommen finden Sie sie direkt vor Ihren Füßen. Es sind die ganz banalen Momente im Alltag, in denen Sie diese finden. Sie müssen nicht in abgelegene Regionen reisen und brauchen auch keine besondere Ausrüstung.

Trotzdem ist es so, dass Sie selbst in die Tiefe gehen müssen. Das kann ich

Ihnen nicht abnehmen. Sobald Sie damit anfangen, wird Ihr Hund sich Ihnen auf eine neue Weise öffnen. Sie zeigen ihm mit Ihrer veränderten Haltung, dass Sie neugierig sind, die Welt der Hunde anders kennenzulernen, als Sie sie bisher wahrgenommen haben. Das signalisiert Ihrem Vierbeiner, dass es sich lohnen könnte, Ihnen auf eine andere Art zuzuhören.

Die Herausforderung für Sie wird sein, sich auf eine Suche einzulassen, die vielleicht nicht in Tagen oder Wochen abgeschlossen ist. Sie dürfen den Weg, den Sie mit Ihrem Hund gehen können, nicht als Training sehen, das irgendwann in einem erlernten Verhalten mündet, das Sie mit einem Kommando abrufen können. Es ist eher so, dass Sie Ihrem Hund täglich durch Ihre Haltung und Einstellung zeigen, dass Sie Interesse an seiner Meinung haben. Sie hören sich an, was er zu sagen hat, statt ihm zu sagen, was er tun und lassen soll.

Das führt uns dann zu der Überlegung, wie denn der Alltag aussehen kann, wenn Kommandos und Training nicht mehr im Vordergrund stehen. Was tritt dann an die Stelle von Erziehung, wenn man die Kommunikation mit Hunden dafür nutzt, eine echte Beziehung mit einer tiefen Verbundenheit zu gestalten? Diese Frage kann ich Ihnen leider nicht im Detail beantworten, denn das ist individuell verschieden.

Was ich Ihnen aber zeigen kann, ist, welche Konsequenzen sich daraus ergeben können, und wie Sie diese dann im Grunde recht einfach in Ihren ganz normalen Alltag übertragen. Lösen Sie sich von dem Gedanken, Sie bräuchten dafür zusätzliche Zeit, weil ja zu dem, was Sie eh schon tun, noch etwas Neues hinzukommt. Das ist nicht so, im Gegenteil: Sie werden sich wundern, wie viel weniger Sie tun müssen, um Ihrem Vierbeiner ein zufriedenes Leben zu ermöglichen.

Wenn Sie es ernst meinen, Ihrem Vierbeiner zukünftig besser zuhören zu wollen, dann müssen Sie erst einmal selber still werden, ganz gehörig auf die Bremse treten und in der Langsamkeit auf die „Zwischentöne“ in dem hören, was Ihr Hund Ihnen schon seit langem sagen möchte.

Die Beziehung von Fani und mir war lange von dem schmalen Grat zwischen Verbundenheit und Manipulation ihrerseits geprägt. Aber auch daraus habe ich gelernt.

Zusammenfassung

Aus Sicht der Hunde senden ihnen ihre Menschen unaufhörlich Botschaften – nur, dass das den Zweibeinern selbst in der Regel gar nicht bewusst ist.

- Mit ihrem Hund zu kommunizieren heißt für die meisten Menschen, ihm Kommandos beizubringen und auf dessen Gehorsam zu bestehen.
- Dabei sind sie sich ihrer eigentlichen Wirkung auf ihren Vierbeiner oft nicht bewusst: Alle kleinen Gesten, Blicke, Körperbewegungen und selbst emotionale Veränderungen werden von ihm wahrgenommen.
- Die Hunde übersetzen die menschlichen Signale nicht erst oder überlegen, was ihr Zweibeiner wohl meint – sie reagieren immer unmittelbar und „richtig".
- Das Verhalten der Hunde ist also immer eine angemessene und korrekte Reaktion auf die Botschaften ihrer Menschen – auch, wenn die etwas anderes gemeint haben.
- Der wichtigste Schritt hin zu einem größeren Verständnis zwischen Mensch und Hund ist, sich bewusst zu machen, was aus deren Sicht Kommunikation umfasst.
- Hunde reagieren auf ihre Menschen, indem sie vor allem
  1. ihre Körperhaltung und Körperspannung registrieren,
  2. Blicke und die damit verbundene Gesichtsmimik wahrnehmen sowie deuten,
  3. die Bewegungen und die darin liegende Energie beobachten und
  4. deren Stimmung wahrnehmen.
- Wer natürlich und artgemäß mit seinem Hund kommunizieren möchte, muss auf seine eigenen Signale achten.
- Erst wenn einem bewusst ist, dass man *immer* mit seinem Vierbeiner kommuniziert, kann auch beobachten, welches seiner Signale welche Reaktion bei seinem Tier auslöst.
- Der Schlüssel zu einer besseren Kommunikation mit Hunden ist: die Langsamkeit!

Aufgaben

1. Beobachten Sie sich selbst: Wie häufig schauen Sie Ihren Hund an, gehen auf ihn zu, fassen ihn an, sprechen mit ihm oder geben ihm Befehle?
2. Welche Reaktion löst eine Bewegung, ein Blick oder eine Berührung bei ihm aus? Gibt es da ein wiederkehrendes Muster?
3. Beginnen Sie damit, bewusster mit Ihrem Hund zu kommunizieren. Setzen Sie Blicke und Bewegung wie in dem Kapitel beschrieben gezielt ein, und achten Sie auf seine Reaktion.
4. Versuchen Sie, dieses neue Bewusstsein für Kommunikation mit Ihrem Vierbeiner für zwei oder drei Wochen zu halten. Was verändert sich zwischen Ihnen beiden?

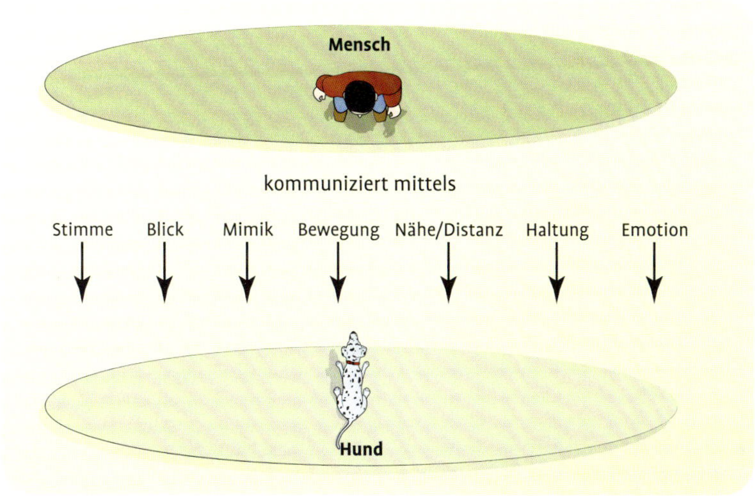

Die menschliche Kommunikation

Was für Menschen eine respektvolle und höfliche Kommunikation ist, erscheint für die Hunde oft übergriffig und ungenau. Daraus resultieren die meisten Missverständnisse zwischen Zwei- und Vierbeinern.

Um ein verlässlicher und vertrauenswürdiger Partner zu werden, müssen Sie sich in seine Welt versetzen können. Auch müssen Sie wissen, wie Ihr Verhalten und Ihre „Sprache" von ihm gedeutet wird.

Anfangs kann das dazu führen, dass Sie nicht mehr so selbstverständlich und locker mit Ihrem Hund umgehen. Das legt sich mit der Zeit, wenn Sie in Ihrer Wahrnehmung, Beobachtungsgabe und eigenen Ausdrucksweise geschulter sind.

Die Mühen und vielleicht auch anfänglichen Verwirrungen, die mit diesen Veränderungen des eigenen Verhaltens einhergehen, zahlen sich langfristig aus:

1. Ihr Hund wird sich von Ihnen verstanden fühlen.
2. Er wird Sie immer besser verstehen können.
3. Sie und Ihr Vierbeiner werden auf eine völlig neue Weise miteinander in Kontakt sein.
4. Hieraus resultiert die tiefe Verbundenheit, die Sie sich wünschen – und Ihr Hund!

HUNDEN IM ALLTAG ZUHÖREN

Ein Wort vorweg

Bis zu diesem Kapitel des Buches habe ich Ihnen das theoretische Gerüst vermittelt: Sie konnten gemütlich im Sessel sitzen und meine Erklärungen und Übersetzungen auf sich wirken lassen. Jetzt kommt aber das Wesentliche – der Transfer in den Alltag.

Es gibt so viele Situationen und Themen im Alltag, die ich Ihnen aus Sicht der Hunde schildern möchte, dass es den Rahmen des Buches um ein Vielfaches sprengen würde.

Tatsächlich eignet sich jede beliebige Alltagssituation dazu, die Bedürfnisse und Wünsche der Hunde sichtbar zu machen. Wenn Sie in der Lage sind, scheinbar belangloses Hundeverhalten auf der Grundlage der letzten Kapitel anders wahrzunehmen und richtig zu deuten, dann erschließt sich Ihnen die Welt Ihres Vierbeiners auf eine völlig neue Art und Weise.

Es mag sein, dass Sie sich hin und wieder von der inhaltlichen Fülle der Themen auf den folgenden Seiten regelrecht erschlagen fühlen. Sie müssen nicht alles auf einmal lesen und schon gar nicht alles umsetzen, was ich anspreche. Nehmen Sie sich dieses Kapitel vielleicht in kleinen Schritten vor und lassen Sie sich zwischen den einzelnen Themen immer wieder Zeit, sich selbst und Ihren Hund im Alltag neu wahrzunehmen.

Es geht mir sowieso nicht darum, Ihnen Übungen an die Hand zu geben, die Sie dann haargenau so absolvieren. Ich möchte, dass Sie Ihrem Hund *zuhören*. Das sollten Sie üben. Wenn sich eine Frage aufdrängt, die mit „Was mache ich denn, wenn mein Hund …?“ beginnt, dann formulieren Sie diese um in: „Was will mein Hund mir mitteilen, wenn er …?“ Erst, wenn Sie seine Bitte und seine Botschaft an Sie verstehen, macht es überhaupt Sinn, sich die erste Frage zu stellen. Und wenn Sie noch nicht verstehen, was Ihr Vierbeiner Ihnen sagen möchte – dann antworten Sie ihm: „Ich weiß, du willst mir etwas sagen. Ich verstehe dich zwar noch nicht, aber ich werde jetzt lernen, dir besser zu zuzuhören, bis ich dich verstehe. Dann lerne ich, dir zu antworten; in einer Weise, die du verstehst.“

Glauben Sie mir, mehr erwarten die Hunde gar nicht von ihren Menschen. Ehrlichkeit und die Motivation, dazuzulernen. Zudem den Mut, etwas auszuprobieren, ohne es schon perfekt zu können. Das gemeinsame Spiel eignet sich hervorragend dafür, da Fehler oder Ungenauigkeiten dort nicht viel anrichten können. Das ist vorerst alles. Der Rest kommt dann quasi automatisch.

Lassen Sie uns nun mit dem Thema beginnen, das bei vielen Hundehaltern die größte Wichtigkeit hat und wo viele Missverständnisse häufig zu Frust und Problemen auf beiden Seiten führen: den täglichen Spaziergängen.

Ist der Hund mit seinem Menschen verbunden? Oder schaut er gerade nur auf seinen Ball? Die Momentaufnahme genügt nicht für eine Antwort.

Richtig zuhören: auf dem Spaziergang

Wenn es um die Befriedigung der wahren Bedürfnisse unserer Hunde geht, dann sprechen wir über etwas, was nicht wirklich greifbar ist. Das wird insbesondere am Beispiel der alltäglichen Spaziergänge deutlich.

Um überhaupt etwas Messbares zu haben, an dem man sich orientieren kann, definieren viele Halter die Qualität der Gassirunden und damit den Grad an Befriedigung für ihre Hunde an der Zeit, die sie mit ihnen draußen verbringen. Andere nehmen die zurückgelegten Kilometer oder die Häufigkeit von Trainings pro Woche als Maßstab dafür, ob Sie ihren Vierbeinern Auslastung und Beschäfti-

Meine Hunde begleiten mich überall hin. Sie fühlen sich dort wohl, wo ich bin – egal ob in der Stadt oder auf dem Land. Das ist Bindung.

gung geboten haben. Aber taugen diese Kriterien wirklich als Qualitätsmaßstäbe?

Woran misst man die Qualität des Spaziergangs?

Was vielen nicht bewusst ist – diese Kriterien, also Länge und Häufigkeit der Spaziergänge, sagen nichts über die Qualität der Zeit aus, die man mit dem Hund draußen verbracht hat. Das wirft sofort die Frage auf, woran man denn dann die Qualität eines Spaziergangs misst. Es scheint, als gäbe es hier einen Zusammenhang zwischen Qualität und Grad der Müdigkeit nach der Runde: Je müder der Hund, desto schöner war der Spaziergang für ihn. Vielleicht denken Sie sich schon, dass ich das ein wenig anders sehe.

Ich formuliere es mal ein wenig provokativ: Je näher ein Hund seinem Menschen war und je häufiger er freiwillig ohne Aufforderung mit diesem in Kontakt stand, desto befriedigender war die Gassirunde mit dem Menschen aus hündischer Sicht. In diesen beiden Kriterien für einen befriedigenden Spaziergang finden Sie die beiden **grundlegendsten wahren Bedürfnisse** *sicherer Raum* und *zuverlässiger Partner* wieder. Auf einem Spaziergang zeigt sich in der Nähe zum Menschen, in der Intensität und Freiwilligkeit der Verbindung sowie in der Kontaktaufnahme von Vierbeiner zu Mensch, ob ein Hund sich bei und mit seinem Halter sicher fühlt.

Der Spaziergang kann so zum Gradmesser dafür werden, wie gut Sie Ihrem Vierbeiner zuhören, ob Sie ihn verstehen und die richtigen Schlüsse daraus ziehen. Sie müssen sich bewusst werden, dass Sie den sicheren Raum des Zuhauses öffnen, sobald Sie gemeinsam die Wohnung oder das Haus verlassen. Das ist ein ganz zentraler Gedanke! Bei der Öffnung des sicheren Raumes offenbaren sich im Grunde alle Probleme zwischen Hund und Mensch, die sich daheim vielleicht gar nicht zeigen.

Sie nehmen diesen Zusammenhang unter Umständen nicht bewusst wahr, Ihr Hund schon. Seine Signale und sein Verhalten darauf haben eine unglaubliche Bedeutung für die Beziehung und die Kommunikation zwischen Ihnen beiden.

Was genau ich damit meine, erläutere ich in den nächsten Abschnitten. Lassen Sie uns den typischen Verlauf eines Spaziergangs Schritt für Schritt in allen Einzelheiten durchgehen und Sie werden sehen, wie viele Botschaften in den scheinbar banalsten Dingen liegen.

Bevor es überhaupt losgeht

Für Ihren Hund beginnen die Gassirunden schon lange, bevor Sie die Wohnung oder das Haus verlassen. Die Abläufe, mit denen Sie sich und Ihren Vierbeiner darauf vorbereiten, sind täglich annähernd dieselben. Ihr Hund weiß, was auf Schuhe anziehen, Leine und Halsband oder Brustgeschirr vom Haken nehmen, anlegen usw. folgt – Sie verlassen das Haus und nehmen ihn mit.

Sie vermuten dabei in der Regel, dass nun die schönste Zeit des Tages für Ihren Hund beginnt. Sie machen das daran fest, dass er es kaum erwarten kann, endlich loszugehen. Das mag für einige Hunde zutreffen, aber nicht für alle. Diejenigen, für die das nicht gilt, haben ein Problem, das unter Umständen immer größer wird, sollte es ihr Mensch nicht erkennen.

Das Öffnen der Türe ist immer auch ein Öffnen des sicheren Raumes. Für einige Hunde bedeutet der Spaziergang dann Arbeit, nicht Freizeit.

Berücksichtigung der wahren Bedürfnisse

Was könnte bei manchen Hunden denn der Grund für ein Problem sein? Nehmen Sie das Bild von einem **sicheren Raum** und stellen Sie sich vor, was die „Veränderung der Räume" von Drinnen nach Draußen für einen Hund noch bedeuten kann, außer einer möglichen Vorfreude aufs Rennen. Für einige Hunde wird dadurch die Sicherheit, die eben noch von Wänden und geschlossenen Türen ausging, ohne Ersatz aufgehoben.

Hunde, die auch außerhalb der eigenen vier Wände Orientierung bei ihren Menschen finden, verlassen das Haus viel entspannter als solche, die keinen Kontakt zu ihren Zweibeinern halten bzw. halten können. Jetzt tritt das Bedürfnis nach einer **verlässlichen Partnerschaft** zu einem Menschen auf den Plan, und es zeigt sich im Verhalten des Hundes zu Beginn eines Spaziergangs, ob man dieser Mensch ist.

Deuten Sie die Aufregung Ihres Vierbeiners als Vorfreude, starten Sie die Gassirunde in einem völlig anderen Bewusstsein als mit der Erkenntnis, dass er schon bei dem Gedanken ans Verlassen des Hauses Stress bekommt. In dem Glauben, Ihr Vierbeiner freue sich, werden Sie eher dazu neigen, seinem Drang nachzugeben und sich seinem Tempo anzuschließen. Sehen Sie aber seinen Stress, können Sie leichter verstehen, warum es mehr Sinn macht, die Abläufe zu verlangsamen.

Ist Ihr Hund in der Situation „Verlassen des Hauses" entspannt, gibt es wenig Grund, etwas zu verändern. Offensichtlich machen Sie schon vieles richtig, also bleiben Sie dabei.

Richtig zuhören sollten Sie aber Ihrem Hund, wenn er vor oder beim Verlassen des sicheren Zuhauses (dazu kommen wir später noch) schon merklich hochfährt, bellt oder winselt, an Ihnen hochspringt oder beim Öffnen der Türe kaum noch zu bremsen ist. Er versucht Ihnen damit mitzuteilen, dass er so auf keinen Fall losgehen möchte.

Erinnern Sie sich an die Ausdrucksformen und Verhaltensweisen aus dem zweiten Hauptkapitel, in dem es darum ging, was uns Hunde wie mitteilen wollen? Ein Thema war unter anderem das Energieniveau der Hunde und wofür es steht (siehe ab Seite 99): Je höher der Drang zur Bewegung eines Hundes ist, desto größer die Wahrscheinlichkeit, dass er massiven Stress hat und versucht, diesen mit seiner Bewegung zu kompensieren. Genau das teilt ein Hund seinem Menschen mit, der in der oben beschriebenen Weise das Haus verlässt. Das gilt übrigens auch für Vierbeiner, die in dieser Weise den Garten betreten.

Jedes kleine Signal kann ein Zeichen dafür sein, wie es Ihrem Hund gerade geht. Es muss aber nicht immer gleich etwas Negatives bedeuten.

Welche Veränderung wünscht sich Ihr Hund und wie können Sie mit einfachen Mitteln Ihre Führungsqualität verbessern?

Bewusst Ordnung schaffen

Innerhalb der Wohnung haben die meisten Hunde gelernt, dass sie hier sicher vor Konkurrenten oder Umwelteinflüssen sind: Normalerweise betreten keine fremden Personen oder Artgenossen das Haus, ohne sich anzukündigen. Rehe oder Hasen durchstreifen das Wohnzimmer oder den Flur auch eher selten und der eigene Bewegungsradius sowie der der zur Familie gehörigen Menschen ist ebenfalls eingeschränkt. Solange niemand an der Türe klingelt oder der Zweibeiner nicht mit den Ritualen des Aufbruchs beginnt, kann Hund sich getrost entspannen, da der Raum aus seiner Sicht geordnet und damit sicher erscheint.

Wenn jetzt irgendetwas diese Ordnung und die damit verbundene Sicherheit stört oder gefährdet, dann fährt der Hund seine Handlungsbereitschaft hoch. Es sei denn, die Ordnung und Sicherheit geht nicht nur von den Wänden und Türen, sondern in hohem Maße vom Sozialpartner Mensch aus. Dann kann im Haus und draußen passieren was will – der Hund bleibt mit seinem Menschen in Kontakt, beobachtet, wie dieser die jeweilige Situation managt und vertraut darauf, dass er in der Führung seines zweibeinigen Partners sicher ist.

Sie sehen also, die Unruhe zu Beginn einer Gassirunde ist nicht nur Hinweis für den Konflikt, den ein Hund mit dem bekommt, was draußen auf ihn wartet. Diese Unruhe ist gleichzeitig eine Botschaft darüber, dass im Haus oder in der Wohnung nicht alles okay war, auch wenn es so schien.

Wenn sich die Zeichen für Stress am Anfang eines Spaziergangs häufen, müssen Sie Ihren Blick auf die Zusammenhänge richten.

Wenn Sie die Türe öffnen und Ihr Hund reagiert aufgeregt darauf, dann zeigt er, dass die geschlossene Türe die Garantie für Sicherheit und Ordnung war. Obwohl (oder weil?) Sie in der Türe stehen, drängt er an Ihnen vorbei oder ist zumindest in Aufruhr darüber, dass die Ordnung des Raumes verloren gegangen ist. Mein Wunsch und der Ihres Hundes ist aber, dass er bei Ihnen Sicherheit findet und, dass Sie grundsätzlich etwas an der Qualität Ihrer Führung verändern. Das beginnt damit, dass Sie erkennen, dass er beides bisher nicht in ausreichendem Maße von Ihnen erfahren hat.

Sie sind noch nicht los und haben schon so viel durch Ihren Hund erfahren!

Es gibt aber noch viel mehr, und das führt uns zu einem wichtigen Hilfsmittel, dessen Bedeutung für die Sicherheit, die ein Hund bei seinem Menschen erfährt, vollkommen unterschätzt wird. Die Rede ist von der Leine.

Die Bedeutung der Leine

Es wäre toll, wenn alle Hunde ohne Leine laufen könnten. Ich meine natürlich so, dass sie dabei immer im Kontakt und unter Kontrolle ihrer Menschen sind. Es gibt mindestens zwei Gründe, warum das wahrscheinlich noch für eine Weile eine Wunschvorstellung bleibt:

1. Es gibt Menschen, die nicht in der Lage sind, ihren Hund ohne Leine zu führen. Sie wissen nicht, wie man das hinbekommen kann oder sind nicht bereit, die dafür notwendigen Schritte zu gehen.
2. Es gibt Hunde, die wollen oder können aufgrund ihrer Geschichte gar nicht ohne Leine laufen.

Besitzen Sie mehrere Hunde, spielt die Frage, welchen Sie anleinen, eine zentrale Rolle. Damit beeinflussen Sie die Ordnung der Gruppe.

An den Gründen aus dem ersten Punkt könnte man mit wenigen Einschränkungen etwas verändern. Der Grund aus Punkt 2 ist ein Wunsch des Hundes und muss somit erst einmal von seinem Menschen akzeptiert werden.

Egal was die Gründe sind – die Leine ist so oder so ein wichtiger **Schlüssel zur Orientierung und Sicherheit**, die ein Hund beim Menschen erfährt.

Ob dieser Schlüssel die Türe zum Freilauf ohne Leine öffnet oder nicht, hängt davon ab, wie man diesen Schlüssel handhabt.

Überprüfen Sie doch jetzt bitte einmal, welches Bild Sie von der Leine haben. Welche Aussage könnte von Ihnen stammen?

- Die Leine ist für mich ein lästiges Übel, das ich lieber heute als morgen loswerden möchte.
- Ein Leben an der Leine ist für den Hund wie ein Gefängnis.
- Mein Hund hat Jagdtrieb, der wird nie ohne Leine laufen können.
- Ich habe Angst, dass mein Hund nicht zurückkommt, wenn er ohne Leine läuft.

- Mein Hund findet alles interessanter als mich. Wenn ich ihn ableine, ist er weg.
- Ich lasse meinen Hund dort freilaufen, wo ich die Gegend überblicken kann. Wenn ein Artgenosse/ein Reh/eine Katze usw. auftaucht, muss ich das vor ihm sehen, dann kommt er auch zu mir zurück.
- Mein Hund zieht stark an der Leine, deshalb führe ich ihn mit Brustgeschirr statt Halsband.
- Um meinem Hund Freiraum zu ermöglichen, führe ich ihn an einer langen Schleppleine.

Hinter jeder diesen Aussagen, die ich immer wieder von Kunden höre, stecken so viele wertvolle Informationen. Diese betreffen zum einen die Einstellung zur Leine, zum Freilauf und zu den vermeintlichen Bedürfnissen der Hunde, zum anderen aber auch den Umgang mit der Leine und dem Bewusstsein darüber, wofür die Leine überhaupt gut sein kann. Die Leine ist nicht durch sich selbst gut oder schlecht. Die wahre Bedeutung bekommt die Leine durch den Leinenbenutzer, also Sie.

Die Leine gibt Halt und Orientierung

Für Hunde, denen Sicherheit und Orientierung an ihren Menschen fehlt, kann die Leine zum Sicherheitsgurt oder Rettungsring werden. Was viele Menschen daran hindert, die Leine als Schlüssel zu einer tieferen Verbundenheit zu nutzen, ist die Bedeutung, die sie der Leine geben. Für sie ist die Leine nur dazu da, den Hund am fortlaufen zu hindern. Dabei könnte der richtige Umgang mit der Leine dazu führen, dass er all das gar nicht mehr tun will. Wie das?

Stellen Sie sich einen Hund vor, der an der Leine zieht. Mal unabhängig davon, was sein Halter schon versucht hat, um das abzustellen – warum zieht er überhaupt an der Leine? Wo will er hin? Oder wovon will er weg?

Viele Halter glauben, dass Hunde in der Leine hängen, weil sie möglichst schnell vorwärtskommen wollen, dringend pinkeln müssen oder in ihrem Bewegungsdrang nicht ausgelastet sind.

Ich deute das Leineziehen vieler Hunde aber dahingehend, dass sie darüber die fehlende Sicherheit finden. Sei es, indem Sie den Raum vor sich und alles, was sich darin befindet und bewegt, durch Schnüffeln, Markieren, Aufspüren oder Verfolgen kontrollieren wollen. Oder sie haben die Erfahrung gemacht, dass ihr Mensch in seinem Verhalten und seiner Kommunikation so viel Unsicherheit und Durcheinander vermittelt, dass sie sich auf Abstand zu ihrem eigenen Halter sicherer fühlen. Eine weitere Möglichkeit ist, dass diese Hunde den Zug auf der Leine brauchen, um sicher zu sein, dass jemand „sie hält".

Es ist mir bewusst, dass diese Sichtweise ungewöhnlich ist und ich kann das auch nicht eindeutig über die Körpersprache oder Verhaltensweisen der Hunde belegen. Ich spüre lediglich die Not und Verzweiflung der Tiere, die denken, sie kämen alleine besser zurecht als gemeinsam mit ihren Menschen. Wenn dem nicht so wäre, dann würden sie ja bei ihren Menschen bleiben und nicht von ihnen fortwollen.

Einen Beweis für meine Theorie bekomme ich dennoch, wenn ich die

① Zu einer guten Leinenführung gehört auch eine gute Führung. Ich lade Sebastian mit einem weiten Bogen ein, zu mir zu kommen.

② So imitiere ich die Annäherung, wie sie unter Hunden üblich und höflich ist. Die Leine ist die ganze Zeit locker und unbeteiligt.

③ Aus meiner Bewegung ergibt sich eine Geste, die der Hund mit Ruhe und wohlwollendem Führen verknüpft.

④ Die Verbindung über die Leine signalisiert dem Hund: In meiner Nähe bist du sicher und ich bin dein verlässlicher Partner, der dich führt.

Leine entsprechend ihrer Bedeutung in der Praxis anwende: Statt dem Drang des Hundes nachzugeben, sich vom Menschen wegzubewegen, halte ich ihn mithilfe der Leine. Mehr nicht. Ich halte den Hund, ich gebe ihm Halt. Ich gebe nicht einen Schritt nach, denn damit würde ich ihm zeigen, dass ich dazu nicht in der Lage bin.

Sobald der Hund meiner Anwesenheit eine Bedeutung gibt – indem er sich zu mir umdreht, mich anschaut, sich in meine Richtung bewegt – „belohne" ich das damit, dass er bei mir einen sicheren, ruhigen Raum findet, in dem nichts passiert. Gar nichts! Ich gehe nicht weiter in die Richtung, in die er gezogen hat. Ich bleibe entweder dort stehen, wo ich gestoppt habe und biete ihm dort Kontakt zu mir an, oder ich gehe ein oder zwei Schritte in die andere Richtung und er folgt mir dorthin.

Das Ganze unterstütze ich natürlich mit einer sehr bewussten und eindeutigen Körpersprache: Meine Blicke sind zielführend und meine Haltung ist körperlich wie emotional einladend, souverän und kraftvoll. Selbst die Art, wie meine Hände die Leine halten, setze ich bewusst ein. Nicht nur die Energie, die durch meine Hände in die Leine fließt, sondern alles in mir sagt dem Hund: „Ich gebe dir Halt. Ich gebe dir Orientierung. Du kannst mir und meinen Entscheidungen vertrauen. Ich weiß, was ich tue. Ich weiß, was dir fehlt. Bei mir findest du alles!"

Von einem Spaziergang an lockerer Leine sind wir damit noch ein ganzes Stück entfernt. Oder auch nicht. Wer sagt denn, wie lange ein Spaziergang sein muss, damit es ein Spaziergang ist?

Was ein Hund sofort erkennt, ist, dass sein Mensch sich verändert hat. Seine Reaktionen sind andere, seine Emotionen sind nicht mehr die gleichen. Darüber hinaus wird der Vierbeiner auf dem Spaziergang heute etwas lernen, was man morgen wiederholen kann. Aus diesen Wiederholungen wird eine neue Gewohnheit, aus der Gewohnheit eine Routine und in der Routine gibt es Entspannung, Sicherheit, Kontakt zum Menschen und Bestätigung in vielfältiger Form.

Die Leine bewusst einsetzen

In einem Buch kann ich leider nicht genau erklären, was ich in dem Moment, den ich oben beschrieben habe, genau mit der Leine tue. Mir geht es an dieser Stelle auch nicht um eine Anleitung zum Training der Leinenführigkeit. Ich möchte Ihnen den Zusammenhang zwischen der Leine, dem sicheren Raum und Ihnen als zuverlässigem Partner aufzeigen und Ihre Einstellung zur Leine verändern. Das Verhalten eines Hundes an der Leine zeigt nur, was ihm bei seinem Menschen fehlt.

Nun gibt es Hunde, die ziehen zwar an der Leine, sind im Freilauf aber ansprechbar und gehorchen sicher auf einen Rückruf. Beides ist erst einmal erfreulich. Für mich bleibt dennoch die Frage, ob der Hund mit seinem Menschen als zuverlässigem Partner in einer Verbundenheit steht, oder ob er mit dem Rückruf oder der Ansprache lediglich ein Spielzeug oder das Futter verbindet?

Und wie ist es bei Ihnen – Verbundenheit oder kommt er wegen der Leckerlis zurück? Im ersten Fall kontrollieren Sie aus Sicht des Hundes den Raum und er will sowieso bei Ihnen bleiben oder zu

Ihnen zurückkommen. Im zweiten Fall kontrollieren Sie das Verhalten und die Impulse des Hundes, was für den Moment des Rückrufs super ist. Unter Umständen ist es darüber hinaus aber kein Beweis für die Verbundenheit zwischen Ihnen beiden. Denn: Sie können zwar Einfluss auf das Verhalten Ihres Vierbeiners gewinnen, ohne seine natürlichen Bedürfnisse – sicherer Raum, zuverlässige Partnerschaft – zu befriedigen. Einfluss auf sein **Gefühl der Sicherheit** und **der Verbundenheit** mit Ihnen bekommen Sie aber nur über seine **wahren Bedürfnisse**.

Der Unterschied zeigt sich, wenn Sie einem fremden Menschen Ihren Hund und das Motivationsobjekt (Futter oder sein Spielzeug), mit dem Sie ihn trainiert haben, übergeben. Wenn der Hund sich von einem Fremden problemlos fortführen lässt, dann wissen Sie, worauf er reagiert und welche Rolle Sie spielen.

Die Leine bewusst einzusetzen heißt immer auch, sich langsam und in einem kleinen Raum zu bewegen. Manchmal so langsam und in so kleinen Schritten, dass Sie sich fragen, ob das denn noch Ähnlichkeit mit einem Spaziergang hat. Nicht im herkömmlichen Sinne, nein. War es das denn vorher, als der Hund seinen Menschen noch durch die Gegend gezogen hat?

Noch etwas anderes ist im Zusammenhang mit der Leine wichtig: Es herrscht die Meinung vor, dass Hunde, die an der Leine ziehen, aus medizinischen und orthopädischen Gründen besser an einem Brustgeschirr als an einem Halsband geführt werden. Das kann in der Tat angezeigt sein, besonders, wenn der Vierbeiner bereits körperlich geschädigt ist. Ich halte es jedoch für kontraproduktiv, einem Hund das Ziehen durch ein Brustgeschirr zu ermöglichen, nur damit man größere Gassirunden drehen kann. Auf diese Weise überlässt man eine für alle entspannende Leinenführung mehr dem Zufall. Ein Geschirr kann nicht die Lösung des Problems, sondern nur ein Hilfsmittel auf dem Weg zur Leinenführigkeit sein!

Ich plädiere deshalb dafür, die Art des Spazierengehens grundsätzlich zu überprüfen und anzupassen. Das Leineziehen ist kein Umstand, den man hinnehmen muss, auch bei einem Husky nicht! Statt den Drang, vorwärtszukommen zu bedienen, sollten Sie den Wunsch nach Kontakt und Orientierung dahinter wahrnehmen.

Die Leine als Machtsymbol

Die Leine ist nicht einfach nur ein Hilfsmittel, um einen nicht gehorchenden Hund zu kontrollieren. Die Leine ist ein Symbol für Macht, die ein Mensch über seinen Hund hat. Sie können diese Macht ungenutzt lassen, indem Sie am Leineziehen und der damit verbundenen, fehlenden Aufmerksamkeit nichts verändern. Sie können Ihre Macht zudem missbrauchen, indem Sie Ihren Vierbeiner über die Leine korrigieren oder – was ich nicht hoffe!! – strafen. Sie können über die Leine aber auch im positivsten Sinne des Wortes Ihre Macht ausspielen und diese Ihrem Hund zugutekommen lassen.

Die meisten Menschen verbinden mit dem Begriff „Macht“ eher etwas Negatives, was sie logischerweise ablehnen. Dabei wird Macht erst durch den, der sie einsetzt, zu etwas Gutem oder Schlechtem. Ein Brotmesser wird ja auch nicht zu etwas Negativem, nur, weil irgendjemand einem anderen damit Gewalt antut.

Auf Macht zu verzichten ist für Hunde keine Option. Sie setzen ihre Macht in einer Gruppe aber auch anders ein. Den Umgang damit habe ich von meinen Hunden gelernt. Nur durch meine Führung und meine Regeln kann ich ihnen ein Leben in größtmöglicher Freiheit bieten. Die Vorgaben dafür bekomme ich letztlich wieder von ihnen, denn ihre Bedürfnisse sind der Maßstab, nicht meine. In der Welt der Hunde besteht nicht das Recht auf Macht und Führung, sondern die *Pflicht*, diese Rolle zu übernehmen. Im Zusammenspiel von Ihnen und Ihrem Vierbeiner kann die Leine ein Symbol dafür sein, ob Sie diese Rolle annehmen.

Das war ein ganz schön weiter Bogen, dabei stehen wir doch immer noch im Hausflur und wollen zur Gassirunde aufbrechen.

Der Moment des Anleinens

Nicht nur der Umgang mit der Leine, sondern der ganze Vorgang des Anleinens vermittelt dem Hund, wie Sie zur Leine und zum Führen mit der Leine stehen.

Beobachten Sie doch beim nächsten Mal ganz bewusst, wie Sie diesen Vorgang gestalten und wie sich Ihr Hund dabei verhält. Um jedoch alle Reaktionen Ihres Vierbeiners auf Ihre Annäherung, das Anlegen von Halsband oder Brustgeschirr und Leine mitzubekommen, müssen Sie das alles sehr langsam und mit Pausen zwischen den einzelnen Schritten tun. Jede Ihrer Bewegungen hat für den Hund eine Bedeutung, die er mit seiner Mimik, seiner Körpersprache und seinem gesamten Verhalten Ihnen verrät.

Die meisten Hunde lecken sich in diesen Momenten über den Fang, blinzeln mit den Augen, wenden den Blick vom Menschen ab oder drehen sich deutlich mit dem ganzen Körper weg. Andere zappeln herum und versuchen, ihren aufkommenden Stress schon jetzt über Bewegung abzubauen. All das sind Signale, mit denen der Hund zeigt, wie übergriffig Sie sich gerade verhalten. Je weniger dieser Signale Sie bei ihm wahrnehmen, desto sicherer fühlt er sich bei Ihnen und an der Leine.

Meine Hunde fühlen sich an der Leine bei mir wohl. Das zeigen sie mir, indem

① Ich ziehe Sebastian das Halsband nicht über, ich halte es ihm einfach nur hin. Es liegt an ihm, wann er es „anzieht“. Die Geduld lohnt sich für Hund und Mensch.

sie alle freiwillig ihren Kopf durch das Halsband stecken, sobald ich es ihnen hinhalte. Das habe ich nicht mit Futter trainiert, es ist einfach die Folge meines aus hündischer Sicht verlässlichen und vorhersehbaren Umgangs mit der Leine.

Möchten Sie lernen, Ihren Hund anders zu führen, ihm dadurch mehr Sicherheit zu geben und von ihm mehr Aufmerksamkeit zu erhalten, dann beginnen Sie damit, das An- und Ableinen sehr achtsam vorzunehmen. Geben Sie Ihrem Vierbeiner Zeit, Ihre Bewegungen einschätzen zu können. Dulden Sie ruhig auch, dass er zwischen den einzelnen Schritten mal kurz den Kontakt unterbricht, sich schüttelt oder kratzt. Laden Sie ihn dann wieder freundlich und ohne viel Aufhebens ein.

Haben Sie ihn angeleint, gehen Sie nicht gleich los. Richten Sie sich auf, atmen Sie durch und entspannen Sie sich, damit Ihr Hund sich ebenfalls entspannen kann. Erst dann machen Sie den nächsten Schritt und beobachten, ob Sie und Ihr Hund die entstandene Ruhe und Aufmerksamkeit für einen weiteren Moment aufrechthalten können.

② Ohne mein Zutun steckt er selbst den Kopf hindurch, das habe ich ihm nicht antrainiert. Er tut das, weil er an der Leine Ordnung und Sicherheit findet.

③ Sebastian senkt am Schluss etwas demütig den Kopf ab und schleckt sich kurz über den Fang. Vielleicht war ich im Fotoshooting doch nicht so locker wie sonst.

Was bedeutet dem Hund der Spaziergang?

Können Sie sich für einen Moment darauf einlassen, welche Bedeutung der Spaziergang aus Sicht eines Hundes hat? Solange ein Hund sich vollkommen an seinem Menschen orientiert, kann der Spaziergang zu einer Zeit werden, in denen die Beziehung zwischen Zwei- und Vierbeiner immer besser und die Verbundenheit immer enger wird. Für die Tiere, die sich nicht an ihrem Menschen orientieren, ist eine Gassirunde aber harte Arbeit, nicht Freizeit und Zerstreuung.

Für Hunde, deren Energieniveau beim Verlassen der Wohnung oder in der Konfrontation mit Reizen wie Artgenossen, fremde Menschen, Wildtiere usw. merklich zunimmt, ist es zu Hause meist entspannter als draußen. Der Spaziergang ändert das und es wird notwendig, alles zu überprüfen, zu kontrollieren oder mit allem in Kontakt zu gehen. Ob das freudig oder freundlich erscheint oder doch aggressiv, spielt dabei keine Rolle. Alleine damit, dass der Hund mehr „im Außen" als an der Seite und im Kontakt mit seinem Menschen ist, zeigt er, dass er mit der Sicherung des Raumes und der Ordnung beschäftigt ist.

Dass Artgenossen oder auch Menschen begutachtet oder angegangen werden ist die logische Konsequenz daraus. Ein Hund, der andere Zwei- oder Vierbeiner „begrüßen will", zeigt damit nicht seinen Wunsch nach Kontakt. Er signalisiert mit diesem Verhalten nur, dass für ihn alles in einem gemeinsamen Raum stattfindet. Er kann sich nicht abgrenzen und schenkt allem und jedem, der sich in diesem Raum bewegt, mehr oder weniger starke Beachtung. Das reicht vom interessierten Hinterherschauen bis hin zum völligen Eskalieren oder unkontrollierten Hinlaufen.

Das Maß an Energie, mit dem ein Hund auf Außenreize jeder Art reagiert, zeigt, wie groß das Maß an Verzweiflung in ihm ist. Gedeutet wird das aber mit Freude, dem Drang spielen zu wollen oder der Freundlichkeit des Vierbeiners. Eine Fehleinschätzung, die enorme Konsequenzen für diesen Hund hat. Er signalisiert, dass er einen sicheren Raum braucht und bekommt stattdessen das Gegenteil – in vielen Fällen „dürfen" diese Hunde dem anderen „Hallo sagen".

Diese Sichtweise ist für mich keine Frage der Trainingsphilosophie. Mir geht es dabei ja nicht um „mein Konzept", mit Hunden zu leben, sondern um eine emphatische Haltung unseren Vierbeinern gegenüber.

Empathisch bedeutet für mich, sich so tief in den Hund und sein Erleben der Welt hineinversetzen zu können, bis man seine Gefühle fühlen kann. Das ist weder leicht noch immer schön. Doch ein wahres Interesse an seinem Wohlbefinden setzt voraus, dass ich mich für alles interessiere, was ihn betrifft. Nicht nur die Anteile, die ich selbst angenehm finde oder aushalten kann.

Den Spaziergang insgesamt unter die Lupe zu nehmen, statt einzelne Verhaltensweisen darin aufzugreifen und zu trainieren, ist aus meiner Sicht der notwendige erste Schritt, dem Hund wirklich näherzukommen. Durch diese andere Einstellung verändert sich der Umgang mit seinem Verhalten während der Gassirunde dann zwangsläufig.

Die Sache mit dem Kontakt

Günther Bloch hat in einem Vortrag einmal gesagt: „Für Hunde sind Artgenossen immer mögliche Partner oder mögliche Konkurrenten." Auf dieser Basis sollten wir ihr Verhalten ernst nehmen und deuten.

Vielleicht bekommen Sie aufgrund dessen, was Sie bislang gelesen haben, den Eindruck, ich sei der Meinung, Hunde seien nie freundlich, jede Begegnung verursache Stress und sie sollten darum besser überhaupt keinen Kontakt zu anderen Menschen oder Artgenossen haben. Das ist jedoch nicht das, was ich Ihnen vermitteln möchte.

Für Sie und Ihren Vierbeiner wünsche ich mir, dass Sie lernen, ihn zu fragen, *was ihm guttut*. Dafür müssen Sie bereit sein, gängige Erklärungen und Deutungen von Verhaltensweisen zu überprüfen und gegebenenfalls durch andere zu ersetzen.

Natürlich gibt es freundliche Hunde, und selbstverständlich dürfen sie mit anderen Vierbeinern oder Menschen Kontakt haben. Die Frage ist lediglich, was Hunde mit der Art und Weise ihrer Kontaktaufnahme, darüber aussagen, wie sie sich dabei fühlen. Jede Aufregung als Freude und jedes Rumgezappel als Freundlichkeit zu deuten, reduziert Hunde auf einfältige, einfache Wesen.

Dabei ist ihr Sozialverhalten so komplex und die darin enthaltenen Botschaften so tiefgründig, dass der größte Teil des Inhalts ihrer Nachrichten an uns einfach ausgeblendet wird. Aus dem, was dann übrig bleibt, wird das Bild eines Hundes kreiert, wie der Mensch sich ihn vorstellt. Dabei haben sie, wie alle anderen Wesen auf dieser Erde, auch eine ganz eigene Vorstellung von sich selbst.

Ich kann es gar nicht oft genug betonen: Ein Hund, der gelernt hat, sich andere mit Beißen vom Leib zu halten, hat sein Ziel „Distanz" schon erreicht. Ein Vierbeiner, der sich über den Kontakt zu Fremden „freut", arbeitet noch an einer funktionierenden Strategie. Möglicherweise findet er diese in unterwürfigem Verhalten – häufig ist scheinbare Freude nichts anderes. Da die Strategie aber von Menschen oftmals nicht erkannt und falsch beantwortet wird, muss der Hund dieses Verhalten intensivieren. Die Folge ist dann noch mehr „Freude". Am Ende erscheint es so, als kriege sich der Vierbeiner vor lauter Freude nicht mehr ein. Das ist aber nur die falsche Interpretation eines Menschen, die Absicht hinter dem Verhalten des Hundes.

Selbstverständlich gibt es Freude auch bei Hunden. Sie ähnelt der Unterwürfigkeit jedoch sehr und ist deshalb so schwer von dieser zu unterscheiden. Der einzige Weg, bei Ihrem eigenen Vierbeiner beides differenzieren zu lernen, ist, sich und seine Beobachtungsgabe zu schulen. Dabei *wirklich im Beobachten* zu bleiben und nicht sofort wieder in eine Deutung oder Bewertung des Verhaltens abzugleiten – das ist der Weg (und die Schwierigkeit).

Was meine ich mit bewerten? Dafür zwei **Beispiele**:

1. Wenn ein Hund sich Ihnen annähert, Sie nehmen Blickkontakt mit ihm auf und strecken ihm die Hand entgegen, dann haben Sie schon bewertet. Denn Sie sind überzeugt, das Verhalten des Vierbeiners sei der Beweis dafür, dass er eine Kontaktaufnahme oder Berührung von Ihnen wünscht. Ihm würde es möglicherweise aber völlig genügen, einmal an Ihren Schuhen zu schnüffeln, um beispielsweise einen konfrontierenden Blickkontakt zu vermeiden (so wie Hunde sich erst einmal am Hinterteil beschnuppern, statt direkt die Nasen aneinanderzustecken) und dann wieder zu gehen. Ihre Form der Kontaktaufnahme zwingt ihn jedoch dazu, viel tiefer in das „Gespräch“ mit Ihnen einzusteigen, als er es für nötig gehalten hätte.
2. Ähnlich bewerten und deuten Menschen die Kontaktaufnahme der Hunde untereinander. In der Regel ist uns scheinbar sofort klar: Begegnen sich unterwegs zwei Vierbeiner und fangen sofort an, miteinander spielen – wobei es sich sehr häufig gar nicht um Spiel handelt –, dann mögen sie sich. Wenn sie sich aber anknurren oder einer Abstand vom anderen einfordert, finden sie sich unsympathisch.

Lassen Sie uns diese beiden Szenarien doch genauer anschauen und verstehen, was Hunde ihren Menschen in diesen Momenten sagen möchten.

Kontaktaufnahme zu Artgenossen

Jetzt ist Ihre Phantasie gefragt: Lassen Sie bitte vor Ihrem inneren Auge den „Film“ von der letzten Hundebegegnung Ihres Vierbeiners ablaufen. Konzentrieren Sie sich dabei auf den Moment der Kontaktaufnahme und lösen Sie sich für einen Augenblick von dem, welche Folge sich aus dieser ergeben hat. Darin, wie der Kontakt zustande kam, liegt nämlich eine Mitteilung darüber, wie sich Ihr Hund in dieser Begegnung gefühlt hat und welche Bedeutung sich daraus für das weitere Miteinander ergibt.

Bei Ihrem „Film“ müssten Sie eigentlich noch den anderen Hund im Blick behalten, denn Sie wohnen ja einem „Gespräch“ der beiden bei. Die Reaktion Ihres Vierbeiners ist immer auch die Folge der Aktion des anderen – und umgekehrt. In dieser Begegnung steckt also eine enorme Dynamik mit vielen Faktoren, die sich gegenseitig beeinflussen.

Um den Überblick zu behalten, unterteile ich diese typische Alltagsbegegnung hinsichtlich der beteiligten Hunde. Der Einfachheit halber beschreibe ich vier „Gesprächssituationen“, in denen unterschiedliche Botschaften stecken.

Unterwürfiger trifft Unterwürfigen

Variante 1: Ein eher unterwürfiger Hund nimmt Kontakt zu einem unterwürfigen Artgenossen auf. Beide Hunde begegnen sich mit deutlichen Signalen der Unterwerfung und Demut. Sie erwarten jeweils vom anderen, dass er diese Botschaft annimmt und entsprechend darauf reagiert. Da beide sich aber unterordnen wollen, was sich dann in einer mehr oder minder hohen Bewegungsenergie zeigt, kommt es nicht wirklich zu einem befriedigenden Resultat. Je nach Grad der Aufregung kann das in ein echtes Spiel münden, es kann aber auch sein, dass sich in der Bewegung, die wie ein Spiel wirkt, der eigene Stress ausdrückt. Dann wäre es ratsamer, den eigenen Hund wieder zu sich zu nehmen, damit er bei seinem Menschen die Sicherheit findet, die er beim anderen, ebenfalls unterwürfigen Artgenossen nicht bekommt.

Unterwürfiger trifft Souveränen

Variante 2: Ein eher unterwürfiger Hund trifft auf einen souveränen, starken Artgenossen. Das ist das Beste, was diesem Hund passieren kann. Der andere Vierbeiner kann nämlich aus seiner eigenen Stärke und Sicherheit heraus immer angemessen auf den unterwürfigen Hund reagieren, weil er selbst ja nichts von diesem braucht. Er kann seine Bereitschaft, sich ihm unterzuordnen annehmen und ihm dadurch eine Menge geben – Orientierung, Verständnis, Balance und Sicherheit. Unter diesen beiden Hunden wäre der Souveräne sehr schnell der zuverlässige Partner, den der Unterwürfige sucht.

Souveräner trifft Unterwürfigen

Variante 3: Ein souveräner Hund trifft auf einen unterwürfigen Vierbeiner. Das ist doch die gleiche Situation wie in Variante 2, oder nicht? Nicht ganz, denn nun nimmt der stärkere Hund Kontakt zum sich unterwerfenden auf. Sprich, hier fordert der eine die Unterwürfigkeit des anderen ein, während es in Variante 2 so war, dass der Unterwürfige dem anderen seine Demut „anbietet". Die Absichten unterscheiden sich, je nachdem, wer den ersten Schritt macht. Die Absicht in Variante 2 ist, jemanden zu finden, an dem man sich orientieren kann. Die Absicht in Variante 3 ist hingegen, dem anderen klar zu machen, wer für Ordnung sorgt und wer die Regeln bestimmt. Fachlich gesprochen gibt es einen Unterschied zwischen Demut ohne Einfordern und Demut mit Einfordern durch ein Gegenüber. Äußerlich sind sich beide Varianten sehr ähnlich, doch die innere Motivation der Hunde ist jeweils eine andere.

Die Vorderkörpertiefstellung des Dackels ist in diesem Falle keine Spielaufforderung. Er signalisiert damit nur „Ich will keinen Stress."

Souveräner trifft Souveränen

Variante 4: Zwei souveräne Hunde nehmen Kontakt miteinander auf. Das ist häufig die langweiligste Variante, weil außer ein bisschen Schnüffeln, Umkreisen und vielleicht sogar ein wenig Imponieren nicht viel mehr passiert. Es sei denn, die Hunde kennen sich schon, dann kann das eine stabile und richtig tolle Freundschaft werden. Ganz nüchtern betrachtet achten und tolerieren sich die beiden und keiner sieht einen Grund, die Stellung des anderen infrage zu stellen.

Hundebegegnungen als Lernfeld

Die vier Varianten beschreibe ich Ihnen unter anderem deshalb, weil gerade die Begegnungen mit anderen Hunden während eines Spaziergangs für viele Zwei- und Vierbeiner ein großes Konfliktpotenzial in sich tragen. Das gilt nicht nur für die Aufeinandertreffen, in denen es „knallt". Da ist es nur am offensichtlichsten. Gefährlich wird es für Hunde vor allem dort, wo diese Konflikte nicht deutlich zutage treten und die hündische Kommunikation immer wieder falsch oder oberflächlich gedeutet wird.

Die gespannte Leine kann in solchen Momenten vom Hund als Signal verstanden werden, sich einzumischen. Besser wäre es, sich ein wenig zu entfernen.

Wenn ein Hund nun zum Beispiel an der Leine oder im Freilauf die Nerven verliert, wenn er auf einen Artgenossen trifft, dann ist dieser ganz sicher nicht „der Dominante“, sondern genau das Gegenteil davon. Ein Hund, der sich seiner Position sicher ist, hat es nicht nötig, auf einen Vierbeiner auf der anderen Straßenseite zu reagieren. Er hat diesen vielleicht im Blick und überprüft, ob der andere sich benehmen kann.

Was sich bei einem Hund zeigt, der in die Kategorie „Leinenpöbler“ gehört, ist dessen ganze Hilflosigkeit, Verzweiflung und Frustration. Er sagt seinem Menschen damit, dass er sich an und durch die Leine nicht ausreichend geschützt fühlt. Hinzu kommt, dass ein Hund, der eine sogenannte Leinenaggression zeigt, in der Regel an der Leine kurz gehalten wird. Das schränkt jedoch seine Möglichkeiten ein, artgerecht auf die Annäherung des anderen Vierbeiners zu reagieren Es wird so verhindert, dass der Hund dem Artgenossen durch Bogenlaufen ausweichen oder durch Kopf abwenden und Schnüffeln am Boden beschwichtigen kann. Eine Leinenaggression richtet sich nicht gegen den anderen Hund, sondern gegen die Einschränkung durch die Leine.

Im Freilauf hätten sich die beiden Rüden vermutlich gut verstanden. Die Leinenaggression ist mehr eine Frustration, die durch die Einschränkung kommt.

Ich weiß, dass das im Alltag ganz anders aussieht. Es handelt sich dabei aber wieder nur um eine Deutung des Verhaltens, ohne die Absichten und Motive dahinter wirklich zu verstehen. Der Stress seines Menschen mischt sich in solchen Begegnungen dann mit der Frustration des Hundes, was es dem Vierbeiner doppelt schwermacht.

Man kann also daraus schließen: In Hundebegegnungen zeigt sich weniger, ob Hunde untereinander Probleme haben, sondern wie groß die **Konflikte im gemeinsamen Raum von Mensch und Hund** sind, auch ohne die Beteiligung eines fremden Artgenossen. Der andere Hund ist dann nur der Funke, der die Explosion auslöst. (Sie erinnern sich sicher an die Themen: Ursache und Reiz?! Siehe Seite 20.) Der Sprengstoff liegt bei Ihnen und Ihrem Hund und der Frage, ob und wie Sie zu Hause und draußen einen sicheren Raum erschaffen.

Je mehr Interesse Ihr Vierbeiner an Artgenossen hat, desto weniger erkennt er einen sicheren Raum bei Ihnen. Sein Drang, Kontakt mit anderen Hunden aufzunehmen, rührt dann vor allem aus der Not, sich mit anderen zu arrangieren und die Regeln des gemeinsamen Raumes abzusprechen. Das ist die Absicht hinter den Kontakten. Ob daraus ein Spiel oder eine Auseinandersetzung resultiert, hängt dann wieder von vielen anderen Faktoren ab.

Das Fazit ist: Es geht nur darum, zu verstehen, was wirklich bei diesen Hundekontakten abläuft und was Sie tun müssen, um Ihren Vierbeiner zu stärken. Beobachten Sie Ihren Hund im Kontakt mit Artgenossen genau: Der eine Hund fühlt sich gestärkt, wenn man ihm vertraut und den Kontakt zulässt. Der andere wünscht sich, dass er auch einfach mal nicht hingehen „muss“, um sich damit selbst Orientierung zu geben.

Kontaktaufnahme zu fremden Menschen

Man könnte meinen, der Unterschied zum zuvor beschriebenen Hundekontakt sei nur minimal. Tritt doch „nur“ an die Stelle des kontaktierten Hundes nun ein Mensch als Kommunikationspartner. Weit gefehlt und wieder zu menschlich gedacht! Daraus ergibt sich für den Vierbeiner eine völlig andere Situation.

Während ein Hund grundsätzlich „richtig“ im Sinne von angemessen reagiert, liegt in der Reaktion eines Menschen auf die Annäherung des Vierbeiners immer ein gewisses Lotteriespiel. Wird die Form, wie der Mensch die Kontaktaufnahme erwidert, der Absicht des Hundes gerecht, oder verwirrt die Antwort des Zweibeiners ihn eher noch mehr?

Egal ob ein Hund einen Menschen auf einem Spaziergang freudig begrüßt oder die Annäherung aggressiv beantwortet – beide Male wird damit nur dessen Strategie sichtbar, mit der er auf diesen Konflikt reagiert. Dumm für den Hund, dass er dabei in hohem Maße abhängig von der Einsicht der Zweibeiner ist.

Diese Missverständnisse gipfeln dann darin, dass ein Hund fürs Anspringen eines fremden Menschen korrigiert wird, es dann aber über sich ergehen lassen muss, von der gleichen Person gestreichelt zu werden.

Stellen Sie sich das gleiche unter Menschen vor: Sie schlendern einen Weg oder eine Straße entlang, und Ihnen kommt ein Mensch entgegen, der jedem anderen die Hand schütteln *muss*, bevor er weitergehen kann. Oder er muss jedem eine „auf die Mütze" hauen, je nachdem, was in der Vergangenheit bei ihm passiert ist. Ich habe lange in der Psychiatrie mit solchen Menschen gearbeitet. Eine Beschreibung dieses Verhaltens lautete damals: Er kann sich nicht oder nur schwer von anderen abgrenzen. Sein Verhalten wirkt aufdringlich und distanzlos, was auf eine Störung der Beziehungsfähigkeit deutet. Das eigene Bedürfnis steht im Vordergrund, das der anderen wird nicht wahrgenommen, geschweige denn geachtet.

Nun zeichnen sich Hunde eher durch eine sehr feine und differenzierte Art der Kontaktaufnahme und Kommunikation aus. Es liegt in ihrer Natur, auch die fast unsichtbaren Signale des Gegenübers und die dahinterliegende Stimmung zu erkennen und sich darauf einzustellen. Was hat also dazu geführt, dass Vierbeiner, die alles und jeden begrüßen oder vertreiben müssen, darauf nicht mehr zugreifen können?

Die Antworten liegen in diesem Kapitel sowie den in den vorhergehenden. Und: Eine Verhaltensstörung tritt dann auf, wenn gewöhnliche Verhaltensstrategien nicht mehr ausreichen, um eine innere und äußere Balance herzustellen. Die innere Ruhe und Balance ist abhängig von den Strukturen im Umfeld, in dem der Hund lebt – also dem Zuhause und der darin lebenden Sozialpartner, einschließlich der Beziehung zu diesen. Die Strukturen werden vom Hund überprüft hinsichtlich Sicherheit und Schutz des Raumes und der Frage, wer mit seinem Verhalten für diese Sicherheit garantieren kann.

Nun stehen Hunde vor einer Entscheidung. Einerseits könnten sie sich der Sicherheit anvertrauen, die von einem Partner ausgeht. Diese Hunde beobachten, wie ihre Menschen „den Raum sichern" und bewerten dies als ausreichend und gut. Andererseits entwickeln sie, wenn das nicht gegeben ist, eigene Handlungsstrategien, die sich dann entweder nur dezent zeigen, vom Menschen für normal angesehen oder als nicht so schlimm wahrgenommen werden. Ein Teil dieser Strategien zeigt sich in der Art und Weise, wie Hunde mit Störungen dieser Ordnung umgehen. Dazu zählen in hohem Maße Aufeinandertreffen mit Artgenossen, manchmal auch mit Menschen.

Noch eine letzte Bemerkung: Es gibt Hunde, die stecken so tief in völlig verkorksten Verhaltensweisen, dass eine kleine Anpassung hinsichtlich sicherer Raum und zuverlässigere Kommunikation mit dem Menschen für eine tiefgreifende Veränderung nicht ausreicht. Diese Hunde brauchen zusätzlich zur Überprüfung der grundlegenden Alltagsstrukturen eine therapeutische Begleitung durch einen erfahrenen Trainer, die komplexer und individueller ist, als es in einem Buch beschrieben werden kann.

Die Grundlage für entspannte Gassirunden

Gemeinsame Spaziergänge gehören für das eine Mensch-Hund-Team zum Highlight des Tages, für andere bedeuten sie Stress oder entwickeln sich gar zum Albtraum. Ein paar einfache Regeln machen Veränderungen möglich.

Sind Ihre Gassigänge bereits entspannt? Damit meine ich nicht nur „entspannt für Sie“, sondern auch für Ihren Vierbeiner! Oder haben Sie den Spaß an gemeinsamen Touren mit Ihrem Hund verloren? Dann möchte ich Ihnen an dieser Stelle Mut machen, an Veränderungen zu arbeiten.

Die **Konsequenzen** für Ihre Spaziergänge sind überschaubar:

- Halten Sie Ihren Hund mehr bei sich.
- Schaffen Sie ihm in Ihrer Nähe einen Raum, in dem er sich geschützt fühlen kann.
- Halten Sie fremde Zwei- und Vierbeiner, auf die Ihr Hund aufgeregt reagiert, von ihm fern.
- Wählen Sie sorgfältig aus, welche Kontakte Ihrem Hund wirklich guttun, und auf welche er gut und gerne verzichten kann. Lernen Sie, die einen von den anderen zu unterscheiden.

Eine individuelle Anleitung, wie Sie diese Punkte genau in der Praxis umsetzen sollen, kann ich Ihnen zwar nicht präsentieren, möchte Ihnen aber im Folgenden zumindest ein paar Ideen auf den Weg geben, die Sie ohne großen Aufwand und Training umsetzen können.

Zunächst jedoch noch ein weiterer Punkt: Sicherlich haben Sie sich schon gefragt, ob nicht doch auch die Unterschiede zwischen den vielen Hundetypen und -rassen für das „wie umsetzen“ bzgl. der Schaffung des sicheren Raumes eine Rolle spielen. Auf diesen Aspekt gehe ich im nächsten Abschnitt ein.

Die Bedeutung von Hundetypen und -rassen

Bislang habe ich so getan, als ob alle Hunde gleichermaßen auf die Veränderung im sicheren Raum während eines Spaziergangs reagieren. Auf einer bestimmten Ebene ist das so, doch steigt man eine Ebene tiefer ein, dann ergeben sich deutliche Unterschiede. Da dieses Thema wieder einen ganz eigenen Bereich eröffnet und ein eigenes Buch füllen würde, möchte ich nur so weit darauf eingehen, wie es aus meiner Sicht für ein Verständnis hier nötig ist.

Ein Hütehund nimmt den Spaziergang mit allem, was darin geschieht, anders wahr als ein Jagdhund. Ein Herdenschutzhund hat wieder eine andere Vorstellung davon und ein Vertreter der Molosser wie Dogge oder Mastiff sieht einen Spaziergang abermals durch eine andere Brille.

Wenn nun Konflikte auftreten, zeigen Hunde eine ihrer Rasse oder ihrem Typus entsprechende Reaktion: **Hütehunde** werden versuchen, Bewegung von anderen einzuschränken, während **Herdenschutzhunde** mehr dazu neigen, „Eindringlinge" in ihren Raum fernzuhalten oder zu vertreiben. **Jagdhunde** tendieren häufig dazu, etwas hysterisch zu werden und **Molosser** haben in der Regel eine längere Zündschnur, bevor sie aktiv werden. Bei **Mischlingen** ergibt sich häufig eine Tendenz, die mit einem wachen Blick und einer guten Beobachtungsgabe wahrnehmbar ist.

Der Unterschied zwischen der Absicht und dem sichtbaren Verhalten zeigt sich bei dieser Thematik noch einmal in deutlicher Weise: Alle Hunde haben die gleiche Absicht, doch in ihren genetischen Anlagen liegen andere Verhaltensprogramme verankert, die entsprechend aktiviert werden.

HUNDERASSEN UND -TYPEN

Alle Hunde – egal welcher Rasse oder welchem Typus sie angehören – kommunizieren recht einheitlich. Die genetischen Anlagen geben aber vor, wie ausgeprägt einzelne Verhaltensmuster zutage treten, und wie ein Hund zum Beispiel auf Konflikte reagiert.

In einer Gruppe muss jeder Hund den Platz einnehmen können, auf dem er sich am wohlsten fühlt. Dann sind auch fünf Hunde leicht zu führen.

Daraus ergibt sich, dass Sie als Mensch unterscheiden lernen müssen, ob Ihr Vierbeiner einer seiner Rasse typischen Beschäftigung nachgeht, oder ob er damit lediglich eines seiner wahren Bedürfnisse stillt. Dies ist immens wichtig, denn eine Auslastung, die der Rasse gerecht wird, schafft alleine noch keine Sicherheit. Sie lenkt lediglich vom eigentlichen Problem ab. Darum: Statt Ihren Hund in seinem für die Rasse typischen Verhalten stärker auszulasten, überprüfen Sie vorher unbedingt, woher der Antrieb für sein Verhalten stammt.

Rasse- bzw. typgerechte Vermittlung von Sicherheit

Sie müssen aber wissen, wie Sie einem Vertreter dieser oder jener Rasse vermitteln, dass er sich bei Ihnen sicher fühlen kann. Versuchen Sie mal, einem Herdenschutzhund das auf die gleiche Art näher zu bringen wie einem Border Collie – Sie werden schnell eine Rückmeldung bekommen, was er von dieser Umgangsform hält.

Während ein Hütehund von einer starken Bewegungseinschränkung profitiert, braucht der Herdenschutzhund ein gewisses Maß an Handlungsspielraum, um sich an einem Menschen orientieren zu können. Auf die gleiche Einschränkung wie bei einem Hütehund würde ein „typischer" Herdenschutzhund eher mit Aggression statt mit Unterordnungsbereitschaft reagieren. Dafür ist er einfach nicht auf der Welt. Diese Hunde halten dagegen und müssen diese Eigenart auch sinnvoll einbringen dürfen. Natürlich ohne anzugreifen.

Jagdhunde hingegen finden häufig in der gemeinsamen Beschäftigung auf Spaziergängen automatisch auch Sicherheit und Orientierung bei ihren Menschen. Das gilt nicht ausschließlich, denn auch diese Hunde benötigen Langsamkeit, Ruhe und Einschränkungen. Sie können aber mit Freiraum oft viel besser umgehen als Hunde anderer Rassen und kompensieren sich ergebende Konflikte dann mit einem kleinen „Arbeitseinsatz".

Es ist auch für mich in meinen Trainings immer wieder eine Herausforderung, zu erkennen, welches Verhalten einem Hund Spaß macht und was Ausdruck von Überforderung ist. Mit dem Wissen, wie sich das eine und das andere zeigt, kann ich aber meine Wahrnehmung auf die Informationen lenken, die mir ohne die in diesem Buch dargestellten Zusammenhänge nicht auffallen würden.

Indem ich die wahren Bedürfnisse auf einen sicheren Raum und den zuverlässigen Partner reduziere, ergibt sich ein anderer Blick auf die Signale unserer Hunde und mit einem geschulten Blick liegen die Antworten auf der Hand. Gehen Sie diesen Weg mit, liegt Ihr Vierbeiner irgendwann „wie ein offenes Buch" vor Ihnen, in dem Sie alles über ihn aus erster Hand erfahren können. Sie müssen nur anfangen, anders zu lesen.

Durch Einschränkung einen sicheren Raum schaffen

Auch auf die Gefahr hin, dass ich mich wiederhole, aber folgende Aussage ist bei dem Thema Spaziergang (und nicht nur hier) einfach immens wichtig: Einschränkungen sind für Hunde keine Strafe, sondern geben ihnen Halt und Orientierung. Je nach Bedarf und Situation, haben Sie dabei verschiedene Möglichkeiten, Ihren Vierbeiner zu begrenzen und ihm so Orientierung an Ihnen zu ermöglichen.

Das Werkzeug, mit dem ich immer eine Einschränkung beginne, ist die **Leine** und der bewusste Umgang damit. Beides habe ich schon beschrieben (ab Seite 154), sodass ich hier nicht nochmals darauf eingehe.

Beurteilungskriterien im Freilauf

Haben Sie einen Hund, der frei laufen kann, weil er gehorcht, heißt das noch nicht, dass alles in Ordnung ist und er keinen Bedarf an der Schaffung eines sicheren Raumes hat. Um dies beurteilen zu können, müssen Sie wahrnehmen lernen, wie es ihm im Freilauf geht.

Ein Beurteilungskriterium dafür ist der **Radius**, in dem sich Ihr Hund um Sie bewegt: Prüfen Sie, ob dieser ihm auch guttut.

Ein Gradmesser kann dabei die **Distanz** zu Ihnen sein, die Ihr Hund herstellt. Aber diese lässt sich nicht alleine in Metern ausdrücken. Es gibt Hunde, die sind zehn Meter von ihrem Menschen entfernt und die Bindung und Verbundenheit ist deutlich spürbar. Andere laufen zwei Meter vor ihrem Menschen und zeigen unverkennbar, dass sie mit allem verbunden sind, nur nicht mit ihrem Halter.

Ein anderes Merkmal für Wohlbefinden im Freilauf ist das **Energieniveau**, mit dem Ihr Hund sich bewegt. Dabei gilt als allgemeine Regel: Je höher die Energie, desto weniger gut tut dem Hund der Freiraum.

Einschränkung in der Bewegung nach vorne

Ein weiteres Element, mit dem Sie Ihrem Vierbeiner durch Einschränkung Orientierung geben können, ist, ihn hinter oder maximal neben sich laufen zu lassen. Jedoch gilt diese Empfehlung nicht grundsätzlich und für jedes Mensch-Hund-Team gleichermaßen.

Leider bekomme ich immer häufiger mit, wie massiv Halter unter Anleitung von Trainern ihre Hunde nach hinten schicken oder den Raum nach vorne mittels Körpersprache begrenzen sollen. Das ist nicht der Weg, für den ich plädiere, denn die Einschränkung soll dem Hund guttun, nicht zusätzlichen Stress mit seinem Menschen verursachen.

Wenn ein Hund eine körperliche oder verbale Einschränkung nicht freiwillig annimmt, dann ist sie für ihn in der Form oder zu diesem Zeitpunkt noch nicht angesagt. Je höher sein Erregungszustand, desto weniger ansprechbar ist er – egal ob mit Worten oder mittels Körpersprache.

In einem solchen Fall setze ich erst einmal auf das, was ich **„freies Leinenspiel“** nenne: Der Hund wird daran gehindert, sich frei vom Menschen fortzubewegen. Die Kontaktaufnahme und Orientierung am Menschen erfolgen zunächst über Einladungen und Motivationshilfen, die der Mensch einsetzt.

Hierbei fasse ich den Begriff „Einschränkung“ viel weiter, als andere das tun. Für mich ist es bereits eine einschränkende Maßnahme, wenn ich einem Hund ein Spiel in meiner Nähe anbiete, statt ihm auf Hunderten von Metern des Spazierweges das Schnüffeln und Markieren zu gestatten. Ich bin ein großer Befürworter der körpersprachlichen Kommunikation mit Hunden. Deren Einsatz darf aber nicht so weit führen, dass ich plötzlich von heute auf morgen körperlich auf meinen Hund einwirke, um seine Aufmerksamkeit zu erhalten oder seine Energie in den Griff zu bekommen. Hier plädiere ich für Geduld und Einfühlungsvermögen, um vor allem Tieren mit hohem Energieniveau einen „weichen“ Weg zum Menschen zu ebnen. Das freie Spiel eignet sich dafür sehr gut, denn darin geht es um nichts anderes als um Miteinander. Die Regeln und die Ordnung folgt dann im nächsten Schritt, zum Beispiel in Form von Bewegungseinschränkung, die körpersprachlich vermittelt wird oder in spielerischen Übungen, die die Leinenführung vorbereiten.

Aus Futter mache ich keine Trainingsphilosophie – so wie ich selbst lieben auch meine Hunde einen Snack zwischendurch.

In meinen Trainings achte ich darauf, dass ich die allerersten Einschränkungen den Haltern auferlege, nicht den Hunden. Sie müssen lernen, die Abläufe zu verändern und sie müssen auf Gewohnheiten und Bequemlichkeiten verzichten, nicht die Hunde. Die fehlende Disziplin, die Menschen bei ihren Hunden kritisieren, finde ich in noch höher Maße bei den Zweibeinern. Also fordere ich deren Disziplin, was nichts anderes als eine Einschränkung ist – und die Hunde folgen; im wahrsten Sinne des Wortes.

Weniger ist oft mehr

Eine weitere Form der Einschränkung ist der Verzicht auf freies Spiel und Kontakt mit Artgenossen. Einmal, weil die Gefahr groß ist, dass es sich bei denjenigen Hunden, denen das nicht guttut, gar nicht um ein wirkliches Spiel mit Artgenossen handelt. Zum anderen, weil diese Vierbeiner ansonsten so lernen, dass lohnenswerte Aktionen jeglicher Art in der Regel bei und mit anderen, aber nicht mit dem eigenen Menschen stattfinden (siehe auch Kapitel „Die Sache mit dem Kontakt“ ab Seite 163).

Hundewiesen und Auslaufzonen sind bei vielen Haltern beliebte Ziele. Dort dürfen sich die Tiere austoben, mit Artgenossen zusammen mal so richtig Hund sein. Auf den ersten Blick ist das eine wirklich tolle Erfindung der Menschen. Bei näherer Betrachtung entpuppen sich diese „Einrichtungen" jedoch als regelrecht gruselige Orte der Missverständnisse: So viel geballte Fehlinterpretation von Hundeverhalten mit den daraus resultierenden Konflikten unter den Vierbeinern und den Folgen für deren Mensch-Hund-Beziehung, ist für mich schwer auszuhalten. Ich empfehle Ihnen dringend, solche Orte generell zu meiden (es sei denn, die Begegnungen werden von fachkundigen Menschen moderiert sowie angeleitet und das Verhalten der Hunde untereinander wird sachgerecht übersetzt).

Stattdessen können Sie sich mit anderen Hundehaltern für gemeinsame Spaziergänge verabreden, auf denen die Vierbeiner die Wahl haben, ob sie miteinander spielen möchten oder doch lieber „nur" nebeneinander herlaufen. Das gleiche gilt für die zufälligen Begegnungen mit anderen Mensch-Hund-Teams auf Gassirunden. Derart gestaltete „Treffs" unterstütze ich, solange die Menschen einen Blick darauf haben, was unter den Vierbeinern geschieht.

Lohnenswert ist aus Hundesicht übrigens nicht nur das, was körperlich fordert. Eine ausgiebige Pause mit Ruhe, Kontaktliegen und gemeinsamen Picknick auf einer Wiese ist für sie mindestens so wertvoll, wie ein Jagdspielchen auf eben dieser. Wer die Lebensfreude eines Hundes auf die Möglichkeit reduziert, durch die Gegend rasen zu können, verkennt, wie gerne diese Wesen einfach nur an einer Stelle rumliegen und faulenzen. Das schafft eben auch **Bindung**, weil damit alles eingeschränkt ist, was Bindung verhindert. Ich gehe sogar noch einen Schritt weiter: In dem ganzen Bestreben, Hunde zu beschäftigen und auszulasten, sehe ich weniger die Lösung für viele Verhaltensprobleme, sondern leider oft die Ursache. **Zufriedene Hunde sind auch mit wenig zufrieden**. Wissen Sie, warum Hunde von Obdachlosen in der Regel tiefenentspannt sind? Die machen den ganzen Tag nichts, außer mit ihren Menschen rumzusitzen oder rumzuziehen. So einfach kann das sein.

Wir befinden uns gedanklich ja noch auf einem Spaziergang, doch an dieser Stelle eine kleine Anmerkung: Auch im Garten kann eine Leine und ein gemeinsames Picknick auf der Wiese Wunder bewirken, wenn Ihr Hund dort die Grundstücksgrenzen verteidigt oder seiner Jagd- und Buddelleidenschaft nachgeht.

Baustein: verlässliche Partnerschaft

Dem Thema, wie Sie Ihrem Vierbeiner ein attraktives Umfeld schaffen können, um ihre verlässliche Partnerschaft zu stärken, nähern wir uns am besten mit folgenden Fragen bzw. Antworten:

- Wann sind die Nähe und das Umfeld des Menschen für einen Hund attraktiv? – Wenn er darin Bedürfnisse auf unterschiedlichen Ebenen befriedigen kann.
- Was braucht es dafür vonseiten des Menschen? – Eine klare Haltung zu sich selbst, zur eigenen Position und der Verantwortung, die darin liegt.

Der Schlüssel für Verbundenheit und Vertrauen ist eine liebevolle Zuwendung. Berührungen und Nähe sind immer ein wichtiger Teil davon.

Das bedeutet in der Praxis: Entscheiden Sie sich, wer Sie für Ihren Hund sein möchten. Treffen Sie Entscheidungen für ihn oder lassen Sie sich von seinen Entscheidungen lenken?

Ich weiß, dass man über diese Aussagen erst einen Moment nachdenken muss und diese Haltung auch vielen Menschen Bauchschmerzen verursacht. Trifft Letzteres auf Sie zu, hat das aber vielmehr mit Ihnen selbst als mit Ihrem Hund zu tun. Wenn Sie es Ihnen schwerfällt, Entscheidungen zu treffen und diese durchzusetzen, dann handeln Sie aus einer ganz bestimmten Energie heraus. Diese Energie bietet Hunden keine Sicherheit. Sie sind mehr mit sich als dem Wohl Ihres Vierbeiners beschäftigt. Für Ihren Hund ist das ganz sicher nicht attraktiv.

Entscheidungsgewalt

Vielleicht verwechseln Sie „Entscheidungen treffen" auch nur mit „über den anderen bestimmen". Wie klingt es für Sie, wenn daraus **„für den anderen sorgen"** wird?

Das ist, was ich unter Entscheidungsgewalt verstehe. Ich setze meine Entscheidung nicht mit Gewalt durch, sondern stehe mit der mir verfügbaren Kraft (Gewalt) dafür ein, dass es allen in meiner Gruppe gut geht. Meine Entscheidungen dienen nicht mir, sondern denen, für die ich entscheide (siehe auch Seite 51: „Was macht einen verlässlichen Partner aus?").

Ob es sich dann um die Entscheidung handelt, den Raum durch Einschränkungen zu sichern oder um das Gegenteil – den Raum für Spiel, Freiraum und Kooperation zu öffnen – basiert auf meiner Umsicht und meiner Aufmerksamkeit, die ich allem um mich herum schenke.

In diesem Zusammenhang sind mir folgende Fragen besonders wichtig:

- Was kann ich meinen Hunden ermöglichen?
- Was kann ich ihnen zumuten?
- Wonach ist meinen Hunden gerade zumute?
- Wonach ist mir gerade zumute, mit ihnen gemeinsam zu tun?

Diese zählen dabei mehr als die Fragen danach, was ich von ihnen erwarte und ob sie mir gehorchen. Ich bin bestrebt, das Miteinander mit meinen Hunden so sicher zu machen, dass wir unabhängig vom Ort und der Reizlage im Umfeld als Gruppe gemeinsam handeln, zusammenbleiben und für einander da sind. Ob wir das in der Ruhe und Einschränkung finden oder im gemeinsamen Spiel, im

Kuscheln oder im Lösen einer Aufgabe wie Dummys apportieren oder um Bäume herumlaufen hängt von der Situation, der Grundstimmung in der Gruppe, von der Umgebung und der Stimmung eines jeden Einzelnen ab.

Der ideale Spaziergang

Um für Ihren Vierbeiner attraktiv zu sein, müssen Sie alle Kompetenzen in sich vereinen, die Sie aus seiner Sicht zu einem **verlässlichen, tat- und entscheidungskräftigen Partner** machen. Sie sollten Ruhe und Langsamkeit genauso genießen wie ein wildes Spiel. Sie müssen erkennen, was Ihrem Hund ganz individuell wichtig ist. Ihre Kommunikation mit ihm bekommt eine große Bedeutung und Sie sollten wissen, wie Sie Kontakt zu ihm aufbauen und halten können. Gerne können Sie für Ihre Überlegungen die obigen Fragen, die ich mir dafür zu meinen Hunden stelle, auch für sich übernehmen

Gemeinsame Erlebnisse und Beschäftigung auf Spaziergängen spielen eine große Rolle, vergessen Sie dabei aber die **Ordnung** und die **Struktur** nicht. Rennen alleine deckt noch kein Bedürfnis. Gemeinsam Rennen schon eher. Ball werfen alleine schafft noch kein Miteinander. Objekte gemeinsam aufspüren und als Team „erbeuten" schon eher. Ein Spiel mit einem anderen Hund ist nicht verboten, ein Spiel mit dem eigenen Menschen dafür ein absolutes Muss. Was jedoch über allem steht, ist die eigene Haltung dem Spaziergang selbst gegenüber. Wenn Sie diese Zeit als Möglichkeit sehen, Ihr schlechtes Gewissen dem Hund gegenüber zu beruhigen, dann hat die Beziehung zwischen Ihnen beiden nichts davon.

Bevor wir gedanklich wieder nach Hause gehen und uns die alltäglichen Situationen dort anschauen, möchte ich noch einmal hervorheben, wie Hunde überhaupt mit den Anforderungen des Alltags an der Seite ihrer Menschen klarkommen.

Sehr viele Hunde, denen man es auf den ersten Blick nicht ansehen würde, nutzen Bewegung in jeglicher Form, um

Für mich ist im Training erlaubt, was hilft. Wenn die Hunde sich mithilfe von Futter entspannen können, setzt man eben mal Leckerlis ein.

Stress und Konflikte abzubauen. Man könnte froh sein, dass sie diese Möglichkeit für sich überhaupt bekommen. Ich denke aber es wäre ihnen gegenüber fairer, wir würden die Quelle aller Konflikte trockenlegen.

Ich bin mir im Klaren darüber, dass ich an diesem Punkt eine sehr düstere Welt zeichne, wo doch das Zusammenleben von Menschen und Hunden bzw. Tieren im Allgemeinen, eine Bereicherung sein sollte. Es ist auch wissenschaftlich belegt, dass Tiere einen positiven Effekt auf die psychische und körperliche Gesundheit der Menschen haben. Nur für den umgekehrten Effekt gibt es keine Belege. Wie gut tun Menschen den Tieren, einschließlich den Hunden?

Hunde, die sich mit vollem Elan in Beschäftigung stürzen und hochmotiviert bei der Sache sind, haben vielleicht wirklich Freude an der Arbeit. Ich kenne selbst viele Vierbeiner, die für ihre Aufgaben brennen. Ich kenne aber noch viel mehr Hunde – vielleicht ist das auch eine Folge meines Berufs, ich lerne ja in der Regel die kennen, die Probleme haben –, die sich regelrecht in Arbeit, Beschäftigung, ins Rennen und Toben oder auch ins Jagen flüchten, um einmal eine Pause von den Konflikten zu haben, die in der Kommunikation mit den Menschen anhaltend bestehen.

Nicht jeder Hund, der sich gerne und viel bewegt, baut damit Stress ab. Aber die meisten, die auch langsam und entspannt durchs Leben gehen können, leben in einer Partnerschaft mit ihren Menschen, in der die wahren Bedürfnisse, die ich Ihnen in diesem Buch immer wieder vor Augen führe, erfüllt werden.

Auf dem Weg vom Spaziergang nach Hause gibt es noch eine Besonderheit, die Ihnen wichtige Informationen über die Befindlichkeit Ihres Vierbeiners geben kann: Wenn er zu Beginn der Gassirunde noch eher aufgeregt war und nun auf dem **Rückweg** deutlich entspannter läuft, dann kann es möglicherweise daran liegen, dass er müde vom Spaziergang ist. Vielleicht beruhigt ihn aber auch lediglich der Umstand, dass er mit Ihnen in „den sicheren Hafen“ zurückkehrt und den Ausflug unbeschadet überstanden hat. Er hat den sicheren Raum des Hauses, der Wohnung oder des Autos vor Augen, und in dieser Erwartung kann er sich schon auf dem Rückweg entspannen.

Das ist das genaue Gegenteil von der Aufregung vor Beginn der Spazierrunde, mit der der Hund auf die Unsicherheit draußen reagiert hat. So schließt sich bei vielen Hunden der Kreis.

Ein Spaziergang, der in Ruhe beginnt, der in Ruhe verläuft und dann in Ruhe endet, ist das **Idealbild** eines Ausfluges, der die Beziehung von Mensch und Hund stärkt. Viele haben das schon, andere wünschen sich das. Was sind Sie bereit, dafür zu tun? Oder besser: Was sind Sie bereit, dafür aufzugeben?

Ich möchte Sie bei aller Überzeugung für meine eigene Haltung jedoch auch dazu anhalten, nicht sofort alles infrage zu stellen, wie Sie bisher mit Ihrem Hund lebten. Mir geht es um Anregungen für eine Vertiefung Ihrer Beziehung und um Hilfestellungen bei der Lösung von Missverständnissen und Problemen.

Die Spaziergänge sind ein Teil des Puzzles, die Struktur zu Hause ist der andere.

Ein Spaziergang mit dem Hund ist nicht dazu da, ihn auszupowern. Die gemeinsame Zeit mit viel Ruhe und Entspannung steht an erster Stelle.

Richtig zuhören: zu Hause

In der Regel verbringen Menschen mit ihren Hunden mehr Zeit zu Hause als unterwegs. Damit ist eigentlich schon die Bedeutung der Strukturen und der Ordnung im eigenen Daheim hervorgehoben. Das wird leider im Alltag nur nicht ausreichend beachtet.

Wenn es darum geht, Hunden ein sicheres Umfeld zu schaffen, dann fängt das zu Hause an und nicht erst dort, wo sich die Auswirkungen eines fehlenden sicheren Raumes zeigen. Wenn Sie also außerhalb der eigenen vier Wände Probleme irgendwelcher Art haben, dann überprüfen Sie die Grundlagen zu Hause.

Vorab noch ein Hinweis: Sollte Ihnen bei den folgenden Abschnitten das Gefühl aufkommen, manches bereits an anderer Stelle des Buches gelesen zu haben, liegen Sie richtig. Der Grund hierfür ist so einfach wie weitreichend: In „Richtig zuhören: zu Hause" fließen alle bereits besprochenen Themen zusammen.

Ein wirklich entspannter Hund zeigt sich drinnen wie draußen ausgeglichen. Macht der Hund einen Unterschied, dann stimmt etwas nicht.

Zusammenhänge erkennen

Nehmen wir an, ein Halter kann seinen Hund außerhalb des Hauses nicht ohne Leine laufen lassen. Mit welcher Selbstverständlichkeit darf sich dieser Vierbeiner aber daheim ohne Leine frei im Raum bewegen?

Nehmen wir weiter an, der gleiche Hund zeigt angeleint in der Begegnung mit Artgenossen oder Menschen aggressives oder aufgeregtes Verhalten. Mit welcher Sorglosigkeit darf er sich aber im eingezäunten Garten frei bewegen und den Gartenzaun verteidigen?

Der Wunsch vieler Menschen, ihre Vierbeiner auch auf Spaziergängen ohne Leine laufen lassen zu können, wird quasi im Keim erstickt, indem den gleichen Hunden zu Hause Freiheiten eingeräumt werden, mit denen diese einfach überfordert sind.

Eine Überforderung zeigt sich zum Beispiel in diesen Situationen:

- Der Mensch verlässt den Raum, der Hund verfolgt ihn.
- Es klingelt, der Hund rast eigenständig zur Wohnungs- bzw. Haustüre.
- Die Terrassentüre steht offen und der Hund betritt ganz selbstverständlich alleine den Garten.
- Wenn Besucher kommen, dann belagert der Hund die Gäste und kommt nicht zur Ruhe.
- Besucher dürfen das Haus erst gar nicht ohne Erlaubnis des Hundes betreten oder sich nicht frei darin bewegen.
- Der Hund kann nicht alleine bleiben, ohne dabei zu bellen oder die Einrichtung neu zu dekorieren.
- Wenn der Halter oder ein Familienmitglied nach Hause kommt, begrüßt der Hund seine Menschen stürmisch.
- Der Hund hält es nicht aus, auf einem Liegeplatz zu bleiben.
- Solange der Halter wach ist, schläft auch der Hund nicht.
- Der Hund braucht Objekte, auf denen er rumkauen kann, um sich zu beruhigen.
- Jedes Geräusch von außen wird aufgeregt kommentiert.
- Statt auf einem zugewiesenen Platz zu bleiben, wählt der Hund seine Liegeplätze selbst aus.
- Nur, wenn der Mensch auf dem Sofa oder dem Sessel zur Ruhe kommt, kann auch der Hund „runterfahren“; meist auf den Füßen oder quer über dem Halter liegend.

All die im Folgenden aufgelisteten Punkte, sind Botschaften eines Vierbeiners, mit denen er seinen Menschen seine Wünsche mitteilen möchte. In der Hauptsache gleichen sich die Anliegen vieler Hunde, deshalb verallgemeinere ich in diesem Abschnitt sehr stark:

- Bitte gib' mir einen Raum, in dem ich mich zurücknehmen kann. Das kann ein Liegeplatz, eine Decke oder eine Box sein, aber weise mir diesen Raum verbindlich zu.
- Wenn ich unruhig bin, dann führe mich lieber mit der Leine im Haus statt mich mit Kommandos zu lenken.
- Ich komme gerne mit zur Haustüre, wenn Besuch kommt. Ich möchte aber nicht von jedem angeschaut, angesprochen oder angefasst werden.
- Es gibt auch Momente, da möchte ich von dir nicht angefasst werden. Bitte respektiere das!

- Zeige mir schon zu Hause, dass ich mich auf dich und deine Entscheidungen verlassen kann. Das Training draußen nutzt uns nichts, wenn du nicht drinnen anfängst, für Ordnung zu sorgen.

So könnte es sich anhören, wenn ein Hund zu seinem Menschen spricht. Genau genommen ist es auch so, wenn Sie all das, was Ihr Vierbeiner Ihnen daheim schon mitteilt, richtig übersetzen würden.

Manchmal kann zu viel Nähe und Freiraum im Haus die Ursache für Unruhe auf dem Spaziergang sein. Dann muss man erst daheim etwas ändern.

Nähe und Streicheleinheiten

Nicht jeder Hund möchte immer gestreichelt werden. Es scheint aus menschlicher Perspektive anders, das weiß ich. Vielleicht blättern Sie noch einmal zu den Kapiteln zurück, in denen ich Ihnen die Ausdrucksweisen der Hunde und die Auswirkungen der menschlichen Kommunikation auf deren Verhalten erläutere (ab den Seiten 63 und 125). Dort finden Sie die fachlichen Erklärungen dazu.

Wer bestimmt über Nähe?

Welche Bedeutung hat dies aber nun für die Ordnung, die ein Mensch einem Hund vorgeben sollte?

Ich möchte keine Philosophie daraus machen, dafür ist Nähe und Körperkontakt für Hunde viel zu selbstverständlich. In einigen Fällen spielt es aber für die **Qualität der Beziehung** eine bedeutende Rolle, wer Nähe zu wem, wie und warum herstellt.

Die Aussage von manchen Trainern, nur Sie als Mensch dürften Kontakt zum Hund aufnehmen, um ihn zu streicheln, er dürfe Sie dazu aber nicht auffordern, halte ich für übertrieben. Den Gedanken dahinter teile ich, die Konsequenz für den Alltag ziehe ich etwas differenzierter. Meine Haltung ist dazu ist folgende: Nähe darf von allen Beteiligten hergestellt werden, sofern der andere gefragt und seine Antwort respektiert wird.

Wenn einer meiner Hunde sich langsam annähert, um sich dann neben oder an mich zu legen, dann gestatte ich das immer. Wird er dann in meiner Nähe aufdringlich, entscheide ich anhand der

Situation, ob ich das toleriere oder ihn abweise. Wenn das Vertrauen stimmt, dann hat der Hund einen Grund und braucht diese Nähe. Aber nur, weil einer meiner Hunde direkt neben mir liegt, bedeutet das noch nicht, dass er angefasst werden möchte. Ich genieße die Nähe, er genießt die Nähe. Punkt. Das Streicheln, welches sich daraus ergeben kann, ist wieder ein ganz anderes Thema.

Wie stelle ich fest, was mein Hund möchte?

Woran erkennen Sie nun, wann Ihr Vierbeiner das Streicheln genießt? Im Grunde ist die Antwort sehr einfach: Wenn er dabei ruhig liegen bleibt. Denn: Je mehr Reaktion des Hundes auf Ihre Berührungen folgt, desto wahrscheinlicher ist es, dass er sie nicht mag.

So können leicht herausfinden, was Ihr Vierbeiner möchte:

1. Setzen Sie sich auf den Boden und warten Sie, ob Ihr Hund zu Ihnen kommt. Wünscht er keine Nähe, wird er logischerweise nicht zu Ihnen laufen. Kommt er, bedrängt Sie jedoch, brauchen Sie nicht darüber nachzudenken, ihn zu berühren. Kommt er neben Ihnen alleine zur Ruhe, warten Sie einen Moment ab.
2. Steht Ihr Hund nach einer Weile wieder auf und geht auf seinen Platz, dann können Sie sich auf die Schulter klopfen. Sie haben ihm zugehört und er dankt es Ihnen. Ihm fehlt nichts, im Gegensatz zu Ihnen vielleicht. Sind Sie enttäuscht, dass er nicht bleibt?
3. Wenn Ihr Hund neben Ihnen zur Ruhe kommt, dann berühren Sie ihn mit der Hand und überprüfen Sie seine Reaktion. Erkennen Sie Signale, wie ich sie in Kapitel „Unterwürfigkeit und Aggressionshemmung“ beschreibe (siehe ab Seite 70)? Dann pausieren Sie das Streicheln einen Moment.
4. Sobald es Ihnen möglich ist, den Hund anzufassen, ohne eine deutliche Reaktion wahrzunehmen, beginnt er, die Berührungen zu genießen. Machen Sie dann nach einer Zeit eine Pause und schauen Sie, wie er darauf reagiert.
5. Rumgezappel ignorieren Sie, bis Ihr Hund sich wieder beruhigt oder geht. Bleibt er in der Pause ruhig, haben Sie die freie Wahl – streicheln, einfach die Nähe genießen, sich neben den Hund legen.

Das ist mehr als eine Anleitung zum richtigen Streicheln: In diesen Sequenzen finden Sie die **Basis für den sicheren Raum**. In dieser Nähe können Sie Ihrem Hund beweisen, dass Sie ihm zuhören, sich für seine Welt und seine Gefühle interessieren und ihm ein zuverlässiger Partner sein können.

Der Hund und Besucher

Was für Sie gilt, das gilt erst recht für Ihre Gäste. Aber Vorsicht! Sie riskieren Freundschaften und eventuell den Familienfrieden, wenn Sie Ihren Besuchern untersagen, Ihren Hund anzufassen.

Begleitet Sie Ihr Hund zur Türe, um den Besuch einzulassen, ist das zunächst etwas völlig Normales. Das einzige, was Sie erwarten können, ist, dass er dies in einer Weise tun kann, die in einer solchen Situation angebracht ist: Ein angemessenes Interesse mitzubekommen, wer da das Haus oder die Wohnung betritt, würde ich nicht einschränken.

Freude oder Konflikt?

Jedes Verhalten, das jedoch nach überschwänglicher Freude aussieht, zeigt, dass der Hund im Besucher mehr sieht als eine Person, die für eine bestimmte Zeit Gast in der eigenen Gruppe ist. Hier handelt es sich nicht mehr um ein arttypisches Begrüßungsritual. Der Hund will bzw. muss seine **Beziehung** zum Gast **klären**, um in der Reaktion des Gegenübers Orientierung und Sicherheit zu finden. Er tut dies mit stark **unterwürfigem Verhalten**, hierzu zählen ganz typisch Merkmale wie große Aufregung, Anspringen mit dem Ziel des beschwichtigenden Leckens der Mundpartie (bei Hunden der Lefzen) gepaart mit Lautäußerungen, die von Winseln über Jaulen zu Dauerbellen reichen können. Der Absatz von Urin und das Sich-auf-den-Rücken-drehen sind dann die letzten Steigerungen, die der Hund einsetzt, wenn der Besucher ihn anschaut oder anfasst.

Die Reaktion, die ein solcher Hund erwartet, lässt sich am einfachsten so beschreiben: Für den Besucher ist ein Hund, der sich so verhält, überhaupt nicht anwesend. Der Halter hat die Aufgabe, seinen Hund entweder schon im Vorfeld auf seinen Liegeplatz zu bringen oder ihm an der Türe den Raum hinter oder neben sich zuzuweisen. So kommt der Vierbeiner überhaupt nicht in die Not, irgendetwas mit dem Besucher klären zu müssen oder den Verhaltensfehlern der Gäste ausgeliefert zu sein.

Sehr deutlich zeigt sich diese Not des Hundes in **aggressivem Verhalten**. Wenn ein Hund darüber bestimmt, ob eine andere Person die Wohnung betreten darf, dann geht es dem Vierbeiner immer um die Kontrolle des eigenen Raumes. Ich schätze aber, dass es sich um Ihren Raum handelt, nicht den des Hundes, oder? Für beide Hunde – den unterwürfigen wie den aggressiven – heißt das deshalb: Überlassen Sie den Job nicht Ihrem Vierbeiner, sondern schaffen Sie im Vorfeld die Struktur zu Hause, die ihm zeigt, dass Sie die **Aufgabe der Raumsicherung** übernehmen und er hier entspannen kann.

Mögliche Hilfsmittel

Die **Leine** wird wieder zu einem wichtigen Hilfsmittel, um den Hund im positiven Sinne und zu seinem Wohle einzuschränken. Es ist für Sie als Menschen vielleicht ungewohnt, Ihren Vierbeiner im Haus anzuleinen und Sie empfinden die Leine möglicherweise als Strafe für den Hund. Das ist es nicht. Ein Hund, der sich zu solchen Verhaltensweisen gezwungen sieht, nimmt die Einschränkung nicht als Bestrafung, sondern als Lösung für seine Probleme wahr. Wenn Sie sich damit schwertun, dann nehmen Sie sich doch erst einmal kurze Zeitabschnitte vor, in denen Sie die Leine zu Hause einsetzen.

Wenn es Ihnen gelingt, Hilfsmittel wie die Leine (oder auch den **Maulkorb** bei aggressivem Verhalten) als wertvolle Unterstützung zu sehen und diese in dieser Haltung zu verwenden, dann übernehmen Sie Verantwortung für die grundlegenden Bedürfnisse Ihres Hundes. Daraus resultiert immer, dass er sich entspannen und zurücknehmen kann. Ohne das Gefühl von Sicherheit und Zuverlässigkeit in Ihnen zu finden, bleibt er bei der Strategie, die für ihn – oft leidlich – funktioniert.

Der Hund begrüßt seinen eigenen Menschen

Im Verhalten Ihres Vierbeiners, wie er Sie beim Nachhausekommen begrüßt, lassen sich ebenfalls viele wichtige Informationen über sein Befinden und seinen Wunsch an Sie ablesen.

Die meisten Halter deuten alles als Wiedersehensfreude. Es stimmt auch, dass ein Teil immer für ein ganz normales Begrüßungsritual steht, welches Hunde untereinander zeigen. In Bezug zum Menschen steckt aber oft noch etwas völlig anderes dahinter.

Lassen wir die wohlige romantische Vorstellung für einen Moment beiseite, Ihr Hund hätte Sie vermisst und freue sich nun über Ihre Rückkehr. Nur, um die Absichten und Bedürfnisse hinter dem Verhalten besser verstehen zu können. Was von all dem, über das ich in den letzten Kapiteln geschrieben habe, könnte sich hier zeigen?

Das Verhalten lässt sich in zwei große Bereiche einordnen, die sich wie zwei Seiten einer Medaille gegenüberliegen:

1. Der Hund versucht, durch unterwürfiges und demütiges Verhalten die Ordnung wiederherzustellen, die Sie mit dem Verlassen der Wohnung oder des Hauses verursacht haben.
2. Der Hund maßregelt Sie durch Bewegungseinschränkung oder korrigiert Sie körperlich (indem er Sie zum Beispiel frontal anspringt) dafür, dass Sie es gewagt haben, sich ohne seine Erlaubnis und seine Begleitung zu entfernen.

Im ersten Fall müssen Sie nichts weiter tun, als seine Unterwürfigkeit und Respektsbekundungen so zu beantworten, wie ich es im Kapitel zur Unterwürfigkeit (siehe ab Seite 70) beschrieben habe.

Im zweiten Fall sollten Sie sich Gedanken darüber machen, ob Sie Ihren Hund führen oder er Sie. Vielleicht ist Ihnen da an anderer Stelle im Buch ja schon ein Licht aufgegangen. Bleiben Sie dran!

Sind Sie sich nicht sicher, welcher der beiden Fälle auf Sie zutrifft, beginnen Sie mal damit, Ihrem Hund bei der Begrüßung ein wenig aus dem Weg zu gehen. Damit meine ich nicht, ihn zu ignorieren. Schenken Sie ihm einfach nur nicht so den Raum vor sich. Und wenn er Sie körperlich bedrängt, machen Sie einen langsamen, aber bestimmten Schritt auf ihn zu.

Nicht jeder Hund, der seinen Menschen anspringt, ist respektlos – im Gegenteil. Oft gehört das einfach zum Begrüßungsritual dazu.

Statt eines Schlusswortes

Es gibt noch so vieles, was wir rund um das Thema *Hunden richtig zuhören* vertiefen, betrachten und reflektieren könnten. Auch Ihre Wünsche nach mehr Anleitung in der Praxis würde ich gerne erfüllen.

Ich muss Sie nun aber bald mit den neuen Eindrücken und einem hoffentlich tieferen Verständnis für Ihren Hund entlassen. Mein Wunsch wäre, ich könnte Ihnen direkt im Anschluss alles, was Sie in diesem Buch gelesen haben, auch in der Praxis zeigen und erläutern ...

Die Welt der Hunde verstehen

Was ich Ihnen am Schluss aber mitgeben kann, ist folgender Rat: Jedes Verhalten, das Sie bei Ihrem Hund wahrnehmen, steht immer in einer Verbindung zu den

Bei der Entscheidung, ob ein Hund besser vor oder hinter seinem Menschen laufen sollte, spielt auch die Persönlichkeit des Tieres eine große Rolle.

beiden Bedürfnissen sicherer Raum und verlässliche Partnerschaft. Wenn Sie das Verhalten Ihres Vierbeiners deuten wollen, setzen Sie es mit einem der beiden **wahren Bedürfnissen** in Bezug. Wenn Sie sein Verhalten beeinflussen wollen, beginnen Sie damit, den Raum zu sichern und Ihre Bedeutung als zuverlässiger Partner auszubauen.

Jede Situation, die ich in diesem Buch beschrieben habe, liefert noch viel mehr Informationen als die, die im Text erwähnt sind. Jede Verhaltensweise Ihres eigenen Hundes – egal in welcher Situation – wäre es wert, per Videoaufnahme beobachtet, erklärt und übersetzt zu werden. Ihre eigenen Reaktionen auf das Verhalten Ihres Vierbeiners verdienen das gleiche, denn Sie wirken permanent auf ihn. Das kann ein Buch alles nicht leisten.

Das war aber auch nie meine Intention. Meine Absicht war es, Ihnen einen anderen Zugang zu der Welt der Hunde aufzuzeigen. Vielleicht habe ich dabei Ihr bisheriges Denken durcheinandergebracht und Verwirrung gestiftet. Das wäre prima, denn dann kann etwas Neues entstehen. Für diejenigen unter den Lesern, die nach einem gänzlich anderen Weg für die Gestaltung ihres bisherigen Mensch-Hund-Verhältnisses suchen, kann das auch ein kompletter Neuanfang sein.

Ich möchte Ihnen mit diesem Buch Mut machen, mehr auf den Hund zu hören. Es ist nicht so kompliziert, wie es manchmal scheint. Was es so anspruchsvoll macht ist, sich aus der Kompliziertheit des menschlichen Denkens zu lösen und einfach nur zu handeln.

Sie können lernen, Ihren Hund auf eine natürliche und intuitive Weise zu führen. Dafür müssen Sie bereit sein, sich von ihm führen zu lassen. Beide Ebenen widersprechen sich nicht, sondern ergänzen sich und bilden eine gemeinsame Basis. Es ist wie beim Tanzen – der eine kann nur führen, wenn er fühlt, wie sich der oder die andere führen lässt. Aus Führendem und Geführtem wird ein harmonisches Ganzes, welches sich fließend und zugewandt durchs Leben bewegt.

Die Kommunikation mit Hunden ähnelt einem Tanz. Dieser ist auch mal schneller und dynamischer, mal ruhiger und sanfter. Er benötigt aber immer zwei Dinge: einen sicheren Raum und einen zuverlässigen Tanzpartner.

Während der Arbeit an diesem Buch habe ich mir überlegt, wie es möglich ist, Ihnen die ganzen Informationen auch ganz praktisch und visuell zur Verfügung zu stellen. Dabei ist die Idee entstanden, auf meiner Internetseite einen Bereich einzurichten, in dem ich Ihnen ein paar Videos zu den Themen dieses Buches zur Verfügung stelle. Ich beschreibe Ihnen dort ganz alltägliche Situationen, in denen Sie die hier erläuterte Theorie in der täglichen Praxis wiedererkennen können. Im Serviceteil auf Seite 194 finden Sie die Adresse dazu.

Sie können das Gleiche aber auch in Ihrem eigenen Alltag selbst tun: Filmen Sie sich und Ihren Vierbeiner regelmäßig und nehmen Sie sich Zeit, die Videos genau anzuschauen. Ich bin mir sicher, Sie schulen so im Nu Ihre Beobachtungsgabe und damit Ihr Verständnis für Ihren Hund.

Und wenn Sie dann noch Unterstützung brauchen, melden Sie sich gerne.

Meine Vision

Neugierig sein, miteinander die Welt erkunden und das Leben zusammen verbringen: Mensch und Hund kann so vieles verbinden!

Ihnen ist vielleicht aufgefallen, dass ich das dritte der wahren Bedürfnisse, die Entwicklung der eigenen Persönlichkeit der Hunde, bislang ausgeblendet habe.

Meine Vision ist, dass Sie Ihrem Hund ein so sicherer und verlässlicher Partner sind, dass dieser sich frei und ohne von Ihnen vorgegebenen Zwänge bewegen und entfalten kann. Das Potenzial dafür ist in jedem Vierbeiner vorhanden.

Ihm die Möglichkeit zu geben, sich als Persönlichkeit frei zu entfalten, setzt aber voraus, dass er sich diesem Teil seines Lebens auch widmen kann. Er braucht den Raum dafür, wie man so schön sagt.

In diesem Fall passt diese Formulierung doppelt gut: Solange Hunde im Zusammenleben mit ihrem Menschen damit beschäftigt sind, dessen Defizite und Fehler aufzufangen und auszugleichen, haben sie weder die Gelegenheit bzw. Zeit noch den Raum dafür, ihre eigene Persönlichkeit zur Entfaltung zu bringen und in der Beziehung zur Verfügung zu stellen.

Mit den Zusammenhängen, die ich Ihnen in diesem Buch aufgezeigt habe, ist es möglich, Hunden diesen Raum zu schaffen. Darin sehe ich meine Aufgabe als Übersetzer. Wenn Ihnen als Leser die Persönlichkeit Ihres Tieres wichtig ist, und Sie es darin unterstützen möchten, diese zu entfalten, dann müssen Sie es aus vielen Verantwortungsbereichen entlassen.

Ich bewege mich durch meine Arbeit, die schon lange mehr eine Berufung als ein Job ist, die überwiegende Zeit meines Lebens in einer Art Zwischenwelt: Auf der einen Seite die Menschen mit all ihren Eigenarten, auf der anderen Seite die Hunde mit ihren Bedürfnissen und Aufgaben, die sie für die Menschen bereithalten. In diese Welt habe ich Sie für eine Weile mitgenommen und Sie haben die Möglichkeit, immer wieder dorthin zurückzukommen.

In dieser Zwischenwelt können Sie Ihrem Hund begegnen und ihn neu kennenlernen. Dafür müssen Sie das Bild, welches Sie sich von ihm gemacht haben, vielleicht neu malen. Es bleibt vermutlich auch nicht aus, dass Sie Anteile von sich ablegen, die Sie am Zuhören hindern.

Dieser Raum, der durch Sicherheit und Partnerschaft geschaffen wird, bietet sowohl den Hunden als auch den Menschen die Möglichkeit, miteinander und aneinander zu wachsen. Am Ende stehen dann Persönlichkeiten, die partnerschaftlich miteinander verbunden sind.

Ich wünsche Ihnen viele sichere Räume, viele Momente des richtigen Zuhörens und ein tiefes Verstehen dieser einzigartigen Wesen an Ihrer Seite.

Ihrem Hund wünsche ich einen Menschen, der den Mut hat, zuzuhören.

Zusammenfassung

Die **wahren Bedürfnisse** der Hunde zeigen sich in allen alltäglichen Momenten – egal ob diese entspannt verlaufen oder er sich darin auffällig verhält.

- Das tägliche Miteinander von Mensch und Hund spielt sich in zwei verschiedenen „Räumen“ ab:
  1. innerhalb der Wohnung, des Hauses und des Gartens und
  2. außerhalb des eigenen Wohnraumes auf den Spaziergängen.
- Die Grundlage für das Verhalten eines Hundes draußen wird immer auch in den eigenen vier Wänden, inkl. Garten, gelegt.
- Fehlt die Ordnung zu Hause, dann sind Probleme außerhalb des eigenen Wohnraumes vorprogrammiert. Zeigen sich diese bereits, muss dementsprechend die häusliche Struktur überprüft werden.
- Die **wahren Bedürfnisse** des Hundes weisen darauf hin, wo der Ansatz für Veränderung liegen kann.
- Dem Hund zu Hause eine Struktur bieten heißt:
  1. Eine Ordnung schaffen hinsichtlich Liegeplätze, Bewegungsspielraum und Energieniveau.
  2. Mit dem Hund auf Basis seines natürlichen Ausdrucksverhaltens eindeutig kommunizieren.
  3. Ein bewusstes Zusammenspiel von Nähe und Distanz, auch zu Besuchern, gewährleisten.
- Bei der Vorbereitung auf den Spaziergang zeigt sich, wie der Vierbeiner die Gassirunde wahrnimmt. Bleibt er entspannt, ist eher alles okay; regt er sich schon beim Anleinen auf, stimmt etwas Grundlegendes nicht.

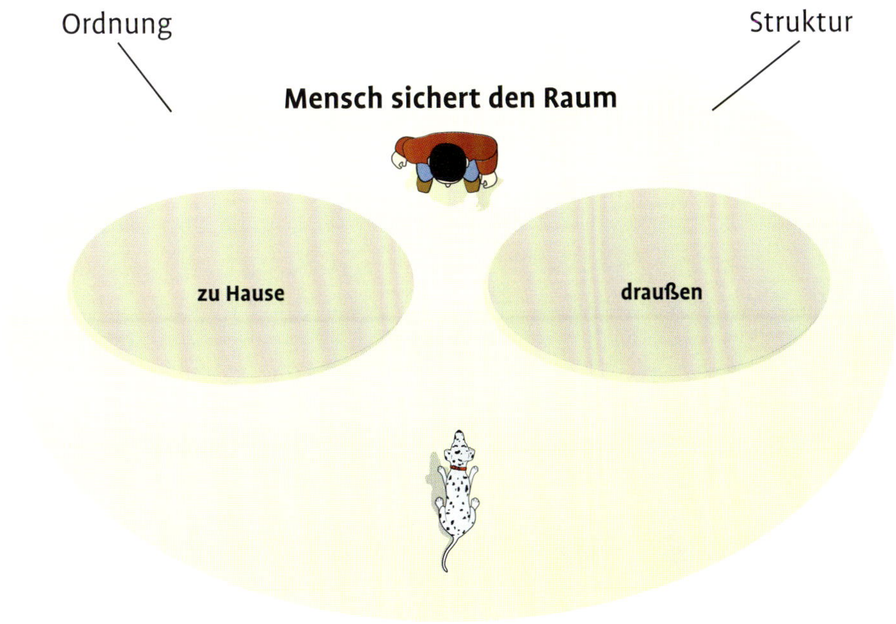

- Das Verlangen der Hunde nach einem **sicheren Raum** kommt draußen voll zum Tragen – jedes Verhaltensproblem hängt auch mit dem Fehlen dieses **wahren Bedürfnisses** zusammen.
- Für die Struktur draußen bedeutet das:
  1. Nähe zu seinem Menschen ist dem Hund wichtiger als Freilauf.
  2. Schaffen einer Ordnung: Der Kontakt zum eigenen Menschen hat einen höheren Wert für den Hund als zu fremden Personen oder Artgenossen. Ist dies gegeben, sind solche direkte Begegnungen auch okay.
  3. Das Maß der Dinge ist ein ruhiges Miteinander von Zwei- und Vierbeiner auf Grundlage von Bindung und Vertrauen; dabei kann die Leine und der bewusste Umgang damit eine große Rolle spielen.
  4. Die Qualität eines Spaziergangs hängt nicht von dessen Länge ab oder vom Anteil, in dem der Hund frei rennen durfte. Kurze und ruhige Runden, in denen der Mensch auf die wahren Bedürfnisse seines Tieres achtet und diesen gerecht wird, sind viel wertvoller.

Aufgaben

1. Beobachten Sie Ihren Hund in den beiden „Räumen“. Verhält er sich in den Bereichen annähernd gleich oder gibt es deutliche Unterschiede?
2. Überprüfen Sie die Struktur zu Hause. Welche Liegeplätze stehen Ihrem Vierbeiner zur Verfügung, wie frei darf er sich bewegen und wie nehmen Sie beide Kontakt zueinander auf?
3. Wie steht es um die Struktur der Spaziergänge? Gehen Sie in Gedanken einen typischen Spaziergang durch und überprüfen Sie diesen hinsichtlich sicherem Raum, verlässlicher Partnerschaft und individueller Entfaltung – vor allem aus Sicht Ihres Hundes!
4. An welchen Stellen gibt es eine Veränderung von Entspannung zu Anspannung und Aufregung bei Ihrem Hund? Was könnten Sie mit dem jetzigen Wissen verändern?

Ein Tipp: Schreiben Sie am besten erst einmal auf, was Ihnen auffällt. Lassen Sie Ihre Beobachtungen und Erkenntnisse einen Moment wirken, bevor Sie sofort alles anders machen. Veränderungen brauchen Zeit, auch bei den Hunden.

Das tägliche Miteinander von Mensch und Hund

Es ist manchmal ein schmaler Grat zwischen genauem Hinschauen und Zuhören einerseits sowie einer gewissen Leichtigkeit und Lockerheit andererseits. Im Zusammenleben mit Ihrem Hund brauchen Sie beides. Es ist weder hilfreich, über die vielen Signale und Botschaften hinwegzugehen noch ist es einer Beziehung zuträglich, jedes „Wort“ des anderen auf die Goldwaage zu legen.

Darum empfehle ich Ihnen, erst einmal „nur“ zu beobachten, statt sich vorzunehmen, von jetzt auf gleich alles anders und alles richtig machen zu wollen. Damit ist niemandem geholfen. Diesem Anspruch können Sie weder sich selbst noch Ihrem Hund gegenüber gerecht werden. Der Perfektionismus hinter einem solchen Vorhaben endet leider häufig in Frustration auf beiden Seiten. Beginnen Sie deshalb mit kleinen Veränderung bei sich und in den Abläufen des ganz alltäglichen Miteinanders – zu Hause wie auf Spaziergängen.

„Du musst deinem Hund mehr Sicherheit geben!“ – diesen Rat haben Sie vielleicht auch schon bekommen. Vom Sinn her verstehen Sie ihn sicher, aber die Frage „Wie mache ich das?“ steht trotzdem noch im Raum. Mit diesem Buch möchte ich Antworten auf diese Frage liefern, ohne ein starres Trainingskonzept zu vermitteln. Bleiben Sie offen für das, was Ihr Hund sich wünscht und lernen Sie, ihm jeden Tag ein bisschen genauer zuzuhören.

SERVICE

Zum Weiterlesen

THEMA KÖRPERSPRACHE

Leinweber, Marion (2020): So versteht dich dein Hund. Körpersprache in der Hundeerziehung richtig einsetzen. Verlag Eugen Ulmer, Stuttgart

THEMA STRESS

O'Heare, James (2009): Die Neuropsychologie des Hundes. animal learn, Bernau

THEMA DYNAMIK DES UNBEWUSSTEN

Capra, Fritjof (2012): Das Tao der Physik. O.W. Barth, München
Chopra, Deepak (2008): Das Buch der Geheimnisse. Goldmann Verlag, München
Fischer, Theo (2005): Wu Wei: Die Lebenskunst des Tao. Rowohlt Taschenbuch, Hamburg

THEMA MENSCH-HUND-BEZIEHUNG

Oppermann, Andrea und Matthias (2010): Bitte sag, dass das nicht wahr ist – Ich liebe dich doch. Wortmacht Verlag, Kretzhaus
Ein Buch zum Verständnis der systemischen Kräfte, die in einer Mensch-Hund-Beziehung wirken und Verhalten mitbeeinflussen.

VOM AUTOR

Tomasini, Mirko (2012): Das Leitwolf-Training. Sprachfrei kommunizieren mit Hunden. Verlag Eugen Ulmer, Stuttgart
Tomasini, Mirko (2014): Das Leitwolf-Spiel. Verlag Eugen Ulmer, Stuttgart

Klicks im WWW

www.leitwolf-training.de
Auf meiner Homepage finden Sie weitere Informationen zu meiner Arbeit.
www.hundenzuhoeren.leitwolf-training.de
Zu diesem Buch biete ich Ihnen unter diesem Link zahlreiche Videos, in denen ich hier besprochene Themen nochmals aufbereitet habe.

Bildquellen

Alle Fotos stammen von
Heike Schmidt-Röger, Herborn.

Über den Autor

Mirko Tomasini ist seit 2003 Trainer für Menschen mit Hunden. Bereits seit seiner Jugend sieht er die Welt und ihre Bewohner als ganzheitlichen Organismus. Alles ist mit Allem verbunden. Dieses Weltbild prägt auch sein Training, in dem er Menschen den Respekt und die Achtung vor der wahren Natur der Hunde lehrt.

Dank des Autors

An erster Stelle danke ich meiner Frau Anna und meiner ganzen Familie, die mich in den Monaten des Schreibens ertragen und gestützt haben! Und meinen Eltern, die mir dieses Leben ermöglichten. Danke Euch allen!

Von allen Menschen, die mein Wissen und meine Erfahrung in den vielen Jahren meiner Tätigkeit beeinflusst haben, möchte ich meinen zwei wichtigsten Lehrern ganz besonders danken.

Gerhard Wiesmeth, meinem ersten Lehrer in der Welt der Hunde. Du hast mir 2003 als erster gezeigt, wie ein Miteinander mit Hunden auf eine andere Weise möglich ist. Dein Vertrauen in mich hat mir ermöglicht, in so vielen Seminaren und Kursen Erfahrungen zu sammeln und mich als Trainer zu entwickeln. Später habe ich mich dann weiterentwickelt und unsere Wege haben sich getrennt. Schade, wie das gelaufen ist, aber zu der Zeit war es mir anders nicht möglich. Heute würde ich das ganz sicher anders machen.

Andrea Oppermann, die liebevollste und strengste Lehrerin, die ich jemals hatte. Wenn ich 2013 gewusst hätte, zu wem ich fahre, als wir unseren ersten Termin miteinander hatten, wäre ich wohl auf der Hälfte der Strecke umgedreht. Die letzten Jahre bei dir als Lehrerin und Beraterin haben mein Leben in einer Weise verändert, die ich nie für möglich gehalten hätte. Wobei ich damals auch noch nicht wirklich überzeugt war, überhaupt etwas ändern zu müssen.

Dieses Buch und das Verständnis für die Welt und das Wesen unserer Hunde würde es ohne dich nicht geben. Mich als Trainer und meine Arbeit, die ich heute mache, würde es auch nicht geben. Ich wäre auch nicht der Mensch, der ich heute bin. Danke für alles auf dem Weg bis hierher und für die Begleitung und Unterstützung auf dem Weg, der noch vor mir liegt.

Der größte Dank gilt den Hunden. Ihr zeigt mir jeden Tag aufs Neue, wie man an Menschen glauben und sie lieben kann. Danke!

Dank der Fotografin

Mein Dank gilt allen Vier- und Zweibeinern, die bei den Fotoaufnahmen für dieses Buch mitgewirkt haben. Ich habe wunderbare Hunde und ihre Menschen wiedergesehen oder kennengelernt, die Arbeit mit ihnen allen war eine Freude.

Wichtig ist mir der Hinweis, dass die Fotos mit Negativbeispielen bewusst zur Veranschaulichung des Textes arrangiert wurden, und alle hier Mitwirkenden erfahrene bzw. sehr engagierte Hundehalter sind, die immer auf das Wohl ihrer Hunde achten. Verlag und Autor danke ich zudem dafür, dass für das Shooting auch Hunde mit sichtbarem Handicap mitwirken durften, wie beispielsweise die Dobermann-Hündin mit kupierter Rute. Diese Hunde tragen Spuren ihres Vorlebens, denn sie kamen alle über den Tierschutz zu ihren neuen Menschen und werden von ihnen so geliebt, wie sie sind.

Impressum

Anmerkung zur Schreibweise (Gendering) der weiblichen, männlichen und unbestimmten Form: Ausschließlich aufgrund der deutlich besseren Lesbarkeit wird in diesem Werk auf die jeweilige Mehrfachnennung oder Anpassung der Schreibweise bestimmter Bezeichnungen verzichtet.

Die in diesem Buch enthaltenen Empfehlungen und Angaben sind vom Autor mit größter Sorgfalt zusammengestellt und geprüft worden. Eine Garantie für die Richtigkeit der Angaben kann aber nicht gegeben werden. Autor und Verlag übernehmen keine Haftung für Schäden und Unfälle. Bitte setzen Sie bei der Anwendung der in diesem Buch enthaltenen Empfehlungen Ihr persönliches Urteilsvermögen ein.

Der Verlag Eugen Ulmer ist nicht verantwortlich für die Inhalte der im Buch genannten Websites.

Bibliografische Information der Deutschen Nationalbibliothek
Die Deutsche Nationalbibliothek verzeichnet diese Publikation in der Deutschen Nationalbibliografie; detaillierte bibliografische Daten sind im Internet über http://dnb.d-nb.de abrufbar.

Wollgrasweg 41, 70599 Stuttgart (Hohenheim)
E-Mail: info@ulmer.de
Internet: www.ulmer.de
Projektleitung: Kathrin Gutmann
Lektorat: Gabi Franz
Herstellung: Judith Schumann
Umschlaggestaltung: siegel konzeption | gestaltung, Stuttgart
Satz: Atelier Reichert, Stuttgart
Reproduktion: time:ray Jettingen
Druck und Bindung: Westermann Druck, Zwickau
Printed in Printed in Germany

ISBN 978-3-8186-1377-8

HIER KÖNNEN SIE WEITERLESEN

Das Leitwolf-Spiel.
M. Tomasini. 95 Seiten,
133 Abbildungen, Klappenbroschur.
ISBN 978-3-8001-7995-4.

Ihr Hund liebt es, mit Ihnen zu spielen? Sie möchten mit Ihrem Hund ein perfektes Mensch-Hund-Team bilden? Hundetrainer Mirko Tomasini erklärt im Leitwolf-Spiel, wie Sie zum wichtigsten Spielpartner Ihres Hundes werden, indem Sie lernen, wie ein Hund zu spielen. Natürlich mit Hunden zu spielen, legt die Basis für ein wirkliches Miteinander von Hund und Mensch und ermöglicht Ihnen, Ihren Vierbeiner spielerisch neu kennenzulernen. Mirko Tomasini veranschaulicht die Kennzeichen des Spiels sowie verschiedene Spiel-Formen und -Phasen. Mit dem Spiel nach dem Leitwolf-Prinzip legen Sie den Grundstein für eine vertrauensvolle Beziehung zu Ihrem Hund und haben nebenbei eine Menge Spaß mit ihm!

OHNE WORTE: SPRACHFREI FÜHREN

Das Leitwolf-Training.
Sprachfrei kommunizieren mit Hunden.
M. Tomasini. 96 Seiten,
88 Farbfotos, Klappenbroschur.
ISBN 978-3-8001-7753-0.

Dieser Ratgeber gibt Impulse für eine neue Qualität der Mensch-Hund-Beziehung und für eine andere Art der Hundeerziehung! Entdecken Sie sich und Ihren Hund neu und lernen Sie das Wesen der sprachfreien Kommunikation und Führung kennen. Lernen Sie, die Körpersprache des Hundes richtig zu deuten, das Hundeverhalten durch Körpersprache zu lenken und sprachfrei mit Ihrem Hund zu kommunizieren. Hundetrainer Mirko Tomasini verrät Ihnen, wie Siedas Leitwolf-Training mit praktischen Übungen für eine Hundeerziehung ohne Stress einsetzen können und wie Sie und Ihr Hund ein gutes Team bilden können. Werden Sie zum Kommunikationspartner Ihres Hundes!